U0352507

建设工程工程量清单计价
编制与实例详解系列

水暖工程

崔玉辉　主编

中国计划出版社

图书在版编目（CIP）数据

水暖工程/崔玉辉主编．—北京：中国计划出版社，2015.1

（建设工程工程量清单计价编制与实例详解系列）

ISBN 978-7-5182-0063-4

Ⅰ.①水… Ⅱ.①崔… Ⅲ.①给排水系统-建筑安装-工程造价 ②采暖设备-建筑安装-工程造价

Ⅳ.①TU723.3

中国版本图书馆CIP数据核字（2014）第225459号

建设工程工程量清单计价编制与实例详解系列

水暖工程

崔玉辉　主编

中国计划出版社出版

网址：www.jhpress.com

地址：北京市西城区木樨地北里甲11号国宏大厦C座3层

邮政编码：100038　电话：（010）63906433（发行部）

新华书店北京发行所发行

三河富华印刷包装有限公司印刷

787mm×1092mm　1/16　14.75印张　360千字

2015年1月第1版　2015年1月第1次印刷

印数　1—4000册

ISBN 978-7-5182-0063-4

定价：35.00元

编 写 人 员

主　编　崔玉辉

参　编　（按姓氏笔画排序）

王　帅　王　营　左丹丹　刘　洋

刘美玲　孙　莹　孙德弟　曲秀明

张红金　郭　闯　蒋传龙　褚丽丽

前　言

随着我国经济的不断增长，建筑行业在国民经济中占据越来越重要的地位，不仅成为国民经济增长的动力，更是居民生活水平和生活质量提高的强大支撑。建筑水暖行业是我国重要的经济行业之一，对国民经济的发展和人民生活水平的提高有着巨大的影响作用。随着建筑行业的繁荣，行业之间的竞争也越发激烈，要想在激烈的市场竞争中求得生存并获取优势地位，必须在保证工程质量和工程进度的前提下，严格控制水暖工程造价，从工程量清单编制、招投标报价编制到竣工结算的编制与审核等多方面采取科学合理的措施，大幅度降低整个工程的造价，获得竞争力，提高企业的经济效益。

为了更加广泛深入地推行工程量清单计价、规范建设工程发承包双方的计量、计价行为，适应新技术、新工艺、新材料日益发展的需要，进一步健全我国统一的建设工程计价、计量规范标准体系，2013年住房城乡建设部颁布了《建设工程工程量清单计价规范》GB 50500—2013和《通用安装工程工程量计算规范》GB 50856—2013等9本计量规范。基于上述原因，我们组织一批多年从事建筑水暖工程造价编制工作的专家、学者编写了本书。

本书共五章，主要内容包括：水暖工程清单计价基础、建筑安装工程费用构成与计算、水暖工程工程量清单计价的编制、水暖工程工程量计算规则与实例、水暖工程工程量清单计价编制实例。本书广泛联系水暖工程实际，内容、资料翔实，可操作性强，方便查阅，可供建筑水暖工程造价编制与管理人员使用，也可供高等院校相关专业师生学习时参考。

由于学识和经验有限，虽然编者已尽心尽力，但仍难免存在疏漏或不妥之处，望广大读者批评指正。

编　者

2014年5月

目　录

1 水暖工程清单计价基础

1.1 工程量清单计价概述

1.1.1 工程量清单的概念与作用

工程量清单是指表现拟建工程的分部分项工程项目、措施项目、其他项目名称和相应数量的明细清单，是按照招标要求和施工设计图纸要求规定将拟建招标工程的全部项目和内容，依据统一的工程量计算规则、统一的工程量清单项目编制规则要求，计算拟建招标工程的分部分项工程数量的表格。

工程量清单体现了招标人要求投标人完成的工程及相应的工程数量，全面反映了投标报价要求，是投标人进行报价的依据，是招标文件不可分割的一部分。工程量清单的内容包括分部分项工程量清单、措施项目清单、其他项目清单。

工程量清单作为招标文件的组成部分，一个最基本的功能是作为信息的载体，以便投标人能对工程有全面充分的了解。从这个意义上讲，工程量清单的内容应全面、准确。

合理的清单项目设置和准确的工程数量是清单计价的前提和基础。对于招标人来讲，工程量清单是进行投资控制的前提和基础，工程量清单编制的质量直接关系和影响到工程建设的最终结果。

工程量清单是招标文件的组成部分，是由招标人发出的一套注有拟建工程各实物工程名称、性质、特征、单位、数量及开办项目、税费等相关表格组成的文件。在理解工程量清单的概念时，首先应注意到，工程量清单是一份由招标人提供的文件，编制人是招标人或其委托的工程造价咨询单位。其次，在性质上说，工程量清单是招标文件的组成部分，一经中标且签订合同，即成为合同的组成部分。因此，无论招标人还是投标人都应该慎重对待。再次，工程量清单的描述对象是拟建工程，其内容涉及清单项目的性质、数量等，并以表格为主要表现形式。

1.1.2 工程量清单计价的概念

工程量清单计价是建设工程招投标中，招标人或招标人委托具有资质的中介机构按照国家统一的工程量清单计价规范，由招标人列出工程数量作为招标文件的一部分提供给投标人，投标人自主报价经评审后确定中标的一种主要工程造价计价模式。

工程量清单计价按造价的形成过程分为两个阶段：第一阶段是招标人编制工程量清单，作为招标文件的组成部分；第二阶段由标底编制人或投标人根据工程量清单进行计价或报价。

1.1.3 工程量清单计价的特点

工程量清单计价是改革和完善工程价格管理体制的一个重要组成部分。工程量清单计价方法相对于传统的定额计价方法是一种新的计价模式，或者说是一种市场定价模式，是由建设产品的买方和卖方在建设市场上根据供求状况、信息状况进行自由竞价，从而最终能够签订工程合同价格的方法。在工程量清单的计价过程中，工程量清单为建设市场的交易双方提供了一个平等的平台，其内容和编制原则的确定是整个计价方式改革中的重要工作。

工程量清单计价真实反映了工程实际，为把定价自主权交给市场参与方提供了可能。在工程招标投标过程中，投标企业在投标报价时必须考虑工程本身的内容、范围、技术特点要求以及招标文件的有关规定、工程现场情况等因素；同时还必须充分考虑到许多其他方面的因素，如投标单位自己制定的工程总进度计划、施工方案、分包计划、资源安排计划等。这些因素对投标报价有着直接而重大的影响，而且对每一项招标工程来讲都具有其特殊性的一面，所以应该允许投标单位针对这些方面灵活机动地调整报价，以使报价能够比较准确地与工程实际相吻合。而只有这样才能把投标定价自主权真正交给招标和投标单位，投标单位才会对自己的报价承担相应的风险与责任，从而建立起真正的风险制约和竞争机制，避免合同实施过程中的推诿和扯皮现象的发生，为工程管理提供方便。

与在招投标过程中采用定额计价法相比，采用工程量清单计价方法具有以下几方面特点：

（1）满足竞争的需要

招投标过程本身就是一个竞争的过程，招标人给出工程量清单，投标人去填单价（此单价中一般包括成本、利润），填高了中不了标，填低了又要赔本，这时候就体现出了企业技术、管理水平的重要性，形成了企业整体实力的竞争。

（2）提供了一个平等的竞争条件

采用施工图预算来投标报价，由于设计图纸的缺陷，不同投标企业的人员理解不一，计算出的工程量也不同，报价相距甚远，容易产生纠纷。而工程量清单报价就为投标者提供了一个平等竞争的条件，相同的工程量，由企业根据自身的实力来填不同的单价，符合商品交换的一般性原则。

（3）有利于工程款的拨付和工程造价的最终确定

中标后，业主要与中标施工企业签订施工合同，工程量清单报价基础上的中标价就成了合同价的基础。投标清单上的单价也就成了拨付工程款的依据。业主根据施工企业完成的工程量，可以很容易地确定进度款的拨付额。工程竣工后，再根据设计变更、工程量的增减乘以相应单价，业主也很容易确定工程的最终造价。

（4）有利于实现风险的合理分担

采用工程量清单报价方式后，投标单位只对自己所报的成本、单价等负责，而对工程量的变更或计算错误等不负责任；相应地，对于这一部分风险则应由业主承担，这种格局符合风险合理分担与责权利关系对等的一般原则。

（5）有利于业主对投资的控制

采用现在的施工图预算形式，业主对因设计变更、工程量的增减所引起的工程造价变化不敏感，往往等竣工结算时才知道这些对项目投资的影响有多大，但此时常常是为时已晚，而采用工程量清单计价的方式则一目了然，在要进行设计变更时，能马上知道它对工程造价的影响，这样业主就能根据投资情况来决定是否变更或进行方案比较，以决定最恰当的处理方法。

1.1.4 工程量清单计价的基本原理

工程量清单计价的基本原理就是以招标人提供的工程量清单为依据，投标人根据自身的技术、财务、管理能力进行投标报价，招标人根据具体的评标细则进行优选，这种计价方式是市场体系的具体表现形式。

工程量清单计价的基本过程可以描述为：在统一的工程量计算规则的基础上，判定工程量清单设置规则，根据具体工程的施工图纸计算出各个项目的工程量，再根据各个渠道所获得的工程造价信息和经验数据，计算得出工程造价。

这一基本的计算过程如图 1-1 所示。

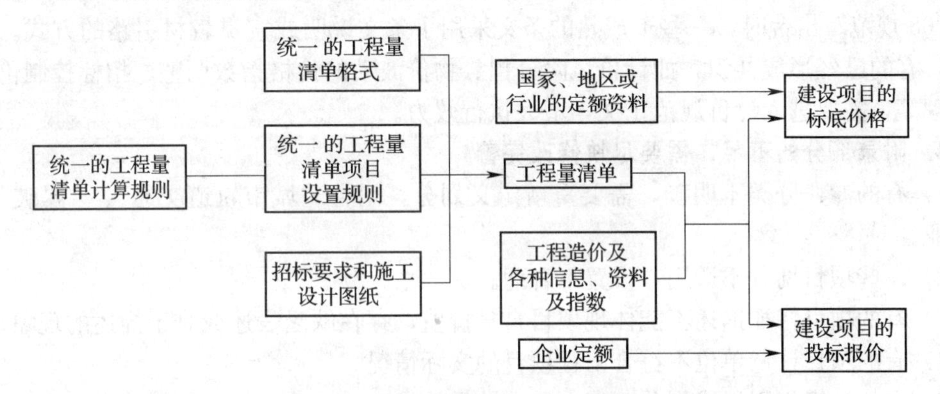

图 1-1 招标工程工程量清单计价过程示意图

1.2 《清单计价规范（2013 年）》简介

为了更加广泛深入地推行工程量清单计价，规范建设工程发承包双方的计量、计价行为制定好准则；为了与当前国家相关法律、法规和政策性的变化规定相适应，使其能够正确地贯彻执行；为了适应新技术、新工艺、新材料日益发展的需要，措施规范的内容不断更新完善；为了总结实践经验，进一步建立健全我国统一的建设工程计价、计量规范标准体系，住房和城乡建设部标准定额司组织相关单位对《建设工程工程量清单计价规范》GB 50500—2008（简称“08 规范”）进行了修编，于2013 年颁布实施了《建设工程工程量清单计价规范》GB 50500—2013（简称“13 规范”）、《通用安装工程工程量计算规范》GB 50856—2013 等 9 本计量规范。

1.2.1 “13 规范”制定的必要性

1. 相关法律等的变化，需要修改计价规范

《中华人民共和国社会保险法》的实施；《中华人民共和国建筑法》关于实行工伤保险，鼓励企业为从事危险作业的职工办理意外伤害保险的修订；国家发展改革委、财政部关于取消工程定额测定费的规定；财政部开征地方教育附加等规费方面的变化，需要修改计价规范。

《建筑市场管理条例》的起草，《建筑工程施工发承包计价管理办法》的修订，为“08规范”的修改提供了基础。

2. “08 规范”的理论探讨和实践总结，需要修改计价规范

“08 规范”实施以来，在工程建设领域得到了充分肯定，从《建筑》、《建筑经济》、《建筑时报》、《工程造价》、《造价师》等报纸杂志刊登的文章来看，“08 规范”对工程计价产生了重大影响。一些法律工作者从法律角度对强制性条文进行了点评；一些理论工作者对规范条文进行了理论探索；一些实际工作者对单价合同、总价合同的适用问题，对竣工结算应尽可能使用前期计价资料问题，以及计价规范应更具操作性等提出了很多好的建议。

3. 一些作为探索的条文说明，经过实践需要进入计价规范

“08 规范”出台时，一些不成熟的条文采用了条文说明或宣贯教材引路的方式。经过实践，有的已经形成共识，如计价风险分担、物价波动的价格指数调整、招标控制价的投诉处理等，需要进入计价规范正文，增大执行效力。

4. 附录部分的不足，需要尽快修改完善

1）有的专业分类不明确，需要重新定义划分，增补“城市轨道交通”、“爆破工程”等专业。

2）一些项目划分不适用，设置不合理。

3）有的项目特征描述不能体现项目自身价值，存在缺乏表述或难于描述的现象。

4）有的项目计量单位不符合工程项目的实际情况。

5）有的计算规则界线划分不清，导致计量扯皮。

6）未考虑市场成品化生产的现状。

7）与传统的计价定额衔接不够，不便于计量与计价。

5. 附录部分需要增加新项目，删除淘汰项目

随着科技的发展，为了满足计量、计价的需要，应增补新技术、新工艺、新材料的项目，同时，应删除技术规范已经淘汰的项目。

6. 有的计量规定需要进一步重新定义和明确

“08 规范”附录个别规定需重新定义和划分，例如：土石类别的划分一直沿用“普氏分类”，桩基工程又采用分级，而国家相关标准又未使用；施工排水与安全文明施工费中的排水两者不明确；钢筋工程有关“搭接”的计算规定含糊等。

7. “08 规范”对于计价、计量的表现形式有待改变

“08 规范”正文部分主要是有关计价方面的规定，附录部分主要是有关计量的规定。对于计价而言，无论什么专业都应该是一致的；而计量，随着专业的不同存在不一样的规定，将其作为附录处理，不方便操作和管理，也不利于不同专业计量规范的修订和增补。为此，计价、计量规范体系表现形式的改变，是很有必要的。

1.2.2 “13 规范”制定的原则

1. 计价规范

（1）依法原则

建设工程计价活动受《中华人民共和国合同法》（简称《合同法》）等多部法律、法规的管辖。因此，“13 规范”与“08 规范”一样，对规范条文做到依法设置。例如，有关招标控制价的设置，就遵循了《政府采购法》的相关规定，以有效的遏制哄抬标价的行为；有关招标控制价投诉的设置，就遵循了《招标投标法》的相关规定，既维护了当事人的合法权益，又保证了招标活动的顺利进行；有关合理工期的设置，就遵循了《建设工程质量管理条例》的相关规定，以促使施工作业有序进行，确保工程质量和安全；有关工程结算的设置，就遵循了《合同法》以及相关司法解释的相关规定。

(2) 权责对等原则

在建设工程施工活动中，不论发包人或承包人，有权利就必然有责任。“13 规范”仍然坚持这一原则，杜绝只有权利没有责任的条款。如“08 规范”关于工程量清单编制质量的责任由招标人承担的规定，就有效遏制了招标人以强势地位设置工程量偏差由投标人承担的做法。

(3) 公平交易原则

建设工程计价从本质上讲，就是发包人与承包人之间的交易价格，在社会主义市场经济条件下应做到公平进行。“08 规范”关于计价风险合理分担的条文，及其在条文说明中对于计价风险的分类和风险幅度的指导意见，就得到了工程建设各方的认同，因此，“13 规范”将其正式条文化。

(4) 可操作性原则

“13 规范”尽量避免条文点到就止，十分重视条文有无可操作性。例如招标控制价的投诉问题，“08 规范”仅规定可以投诉，但没有操作方面的规定，“13 规范”在总结黑龙江、山东、四川等地做法的基础上，对投诉时限、投诉内容、受理条件、复查结论等作了较为详细的规定。

(5) 从约原则

建设工程计价活动是发承包双方在法律框架下签约、履约的活动。因此，遵从合同约定，履行合同义务是双方的应尽之责。“13 规范”在条文上坚持“按合同约定”的规定，但在合同约定不明或没有约定的情况下，发承包双方发生争议时不能协商一致，规范的规定就会在处理争议方面发挥积极作用。

2. 计量规范

(1) 项目编码唯一性原则

“13 规范”虽然将“08 规范”附录独立，新修编为 9 个计量规范，但项目编码仍按“03 规范”、“08 规范”设置的方式保持不变。前两位定义为每本计量规范的代码，使每个项目清单的编码都是唯一的，没有重复。

(2) 项目设置简明适用原则

“13 计量规范”在项目设置上以符合工程实际、满足计价需要为前提，力求增加新技术、新工艺、新材料的项目，删除技术规范已经淘汰的项目。

(3) 项目特征满足组价原则

“13 计量规范”在项目特征上，对凡是体现项目自身价值的都作出规定，不以工作内容已有，而不在项目特征中作出要求。

1) 对工程计价无实质影响的内容不作规定，如现浇混凝土梁底板标高等。

2) 对应由投标人根据施工方案自行确定的不作规定，如预裂爆破的单孔深度及装药量等。

3）对应由投标人根据当地材料供应及构件配料决定的不作规定，如混凝土拌合料的石子种类及粒径、砂的种类等。

4）对应由施工措施解决并充分体现竞争要求的，注明了特征描述时不同的处理方式，如弃土运距等。

（4）计量单位方便计量原则

计量单位应以方便计量为前提，注意与现行工程定额的规定衔接。如有两个或两个以上计量单位均可满足某工程项目计量要求的，均予以标注，由招标人根据工程实际情况选用。

（5）工程量计算规则统一原则

“13计量规范”不使用“估算”之类的词语；对使用两个或两个以上计量单位的，分别规定了不同计量单位的工程量计算规则；对易引起争议的，用文字说明，如钢筋的搭接如何计量等。

1.2.3 “13规范”的特点

“13规范”全面总结了“03规范”实施10年来的经验，针对存在的问题，对“08规范”进行全面修订，与之比较，具有如下特点：

1. 确立了工程计价标准体系的形成

“03规范”发布以来，我国又相继发布了《建筑工程建筑面积计算规范》GB/T 50353—2005、《水利工程工程量清单计价规范》GB 50501—2007、《建设工程计价设备材料划分标准》GB/T 50531—2009，此次修订，共发布10本工程计价、计量规范，特别是9个专业工程计量规范的出台，使整个工程计价标准体系明晰了，为下一步工程计价标准的制定打下了坚实的基础。

2. 扩大了计价计量规范的适用范围

“13计价、计量规范”明确规定，“本规范适用于建设工程发承包及实施阶段的计价活动”、“13计量规范”并规定“××工程计价，必须按本规范规定的工程量计算规则进行工程计量”。而非“08规范”规定的“适用于工程量清单计价活动”。表明了不分何种计价方式，必须执行计价计量规范，对规范发承包双方计价行为有了统一的标准。

3. 深化了工程造价运行机制的改革

“13规范”坚持了“政府宏观调控、企业自主报价、竞争形成价格、监管行之有效”的工程造价管理模式的改革方向。在条文设置上，使其工程计量规则标准化、工程计价行为规范化、工程造价形成市场化。

4. 强化了工程计价计量的强制性规定

“13规范”在保留“08规范”强制性条文的基础上，又在一些重要环节新增了部分强制性条文，在规范发承包双方计价行为方面得到了加强。

5. 注重了与施工合同的衔接

“13规范”明确定义为适用于“工程施工发承包及实施阶段……”因此，在名词、术语、条文设置上尽可能与施工合同相衔接，既重视规范的指引和指导作用，又充分尊重发承包双方的意愿自治，为造价管理与合同管理相统一搭建了平台。

6. 明确了工程计价风险分担的范围

“13规范”在“08规范”计价风险条文的基础上，根据现行法律法规的规定，进一步细化、细分了发承包阶段工程计价风险，并提出了风险的分类负担规定，为发承包双方共同应对计价风险提供了依据。

7. 完善了招标控制价制度

自“08规范”总结了各地经验，统一了招标控制价称谓，在《中华人民共和国招标投标法实施条例》（以下简称《招标投标法实施条例》）中又以最高投标限价得到了肯定。“13规范”从编制、复核、投诉与处理对招标控制价作了详细规定。

8. 规范了不同合同形式的计量与价款交付

“13规范”针对单价合同、总价合同给出了明确定义，指明了其在计量和合同价款中的不同之处，提出了单价合同中的总价项目和总价合同的价款支付分解及支付的解决办法。

9. 统一了合同价款调整的分类内容

“13规范”按照形成合同价款调整的因素，归纳为5类14个方面，并明确将索赔也纳入合同价款调整的内容，每一方面均有具体的条文规定，为规范合同价款调整提供了依据。

10. 确立了施工全过程计价控制与工程结算的原则

“13规范”从合同约定到竣工结算的全过程均设置了可操作性的条文，体现了发承包双方应在施工全过程中管理工程造价，明确规定竣工结算应依据施工过程中的发承包双方确认的计量、计价资料办理的原则，为进一步规范竣工结算提供了依据。

11. 提供了合同价款争议解决的方法

“13规范”将合同价款争议专列一章，根据现行法律规定立足于把争议解决在萌芽状态，为及时并有效解决施工过程中的合同价款争议，提出了不同的解决方法。

12. 增加了工程造价鉴定的专门规定

由于不同的利益诉求，一些施工合同纠纷采用仲裁、诉讼的方式解决，这时，工程造价鉴定意见就成了一些施工合同纠纷案件裁决或判决的主要依据。因此，工程造价鉴定除应按照工程计价规定外，还应符合仲裁或诉讼的相关法律规定，“13规范”对此作了规定。

13. 细化了措施项目计价的规定

“13规范”根据措施项目计价的特点，按照单价项目、总价项目分类列项，明确了措施项目的计价方式。

14. 增强了规范的操作性

“13规范”尽量避免条文点到为止，增加了操作方面的规定。“13计量规范”在项目划分上体现简明适用；项目特征既体现本项目的价值，又方便操作人员的描述；计量单位和计算规则，既方便了计量的选择，又考虑了与现行计价定额的衔接。

15. 保持了规范的先进性

此次修订增补了建筑市场新技术、新工艺、新材料的项目，删去了淘汰的项目。对土石分类重新进行了定义，实现了与现行国家标准的衔接。

1.2.4 “13规范”的常用术语

1. 工程量清单

载明建设工程分部分项工程项目、措施项目、其他项目的名称和相应数量以及规费、税金项目等内容的明细清单。

2. 招标工程量清单

招标人依据国家标准、招标文件、设计文件以及施工现场实际情况编制的，随招标文件发布供投标报价的工程量清单，包括其说明和表格。

3. 已标价工程量清单

构成合同文件组成部分的投标文件中已标明价格，经算术性错误修正（如有）且承包人已确认的工程量清单，包括其说明和表格。

4. 工程量计算

指建设工程项目以工程设计图纸、施工组织设计或施工方案及有关技术经济文件为依据，按照相关工程国家标准的计算规则、计量单位等规定，进行工程数量的计算活动，在工程建设中简称工程计量。

5. 分部分项工程

分部工程是单项或单位工程的组成部分，是按结构部位、路段长度及施工特点或施工任务将单项或单位工程划分为若干分部的工程；分项工程是分部工程的组成部分，是按不同施工方法、材料、工序及路段长度等将分部工程划分为若干个分项或项目的工程。

6. 措施项目

为完成工程项目施工，发生于该工程施工准备和施工过程中的技术、生活、安全、环境保护等方面的项目。

7. 项目编码

分部分项工程和措施项目清单名称的阿拉伯数字标识。

8. 项目特征

构成分部分项工程项目、措施项目自身价值的本质特征。

9. 综合单价

完成一个规定清单项目所需的人工费、材料和工程设备费、施工机具使用费和企业管理费、利润以及一定范围内的风险费用。

10. 风险费用

隐含于已标价工程量清单综合单价中，用于化解发承包双方在工程合同中约定内容和范围内的市场价格波动风险的费用。

11. 工程成本

承包人为实施合同工程并达到质量标准，在确保安全施工的前提下，必须消耗或使用的人工、材料、工程设备、施工机械台班及其管理等方面发生的费用和按规定缴纳的规费和税金。

12. 单价合同

发承包双方约定以工程量清单及其综合单价进行合同价款计算、调整和确认的建设工程施工合同。

13. 总价合同

发承包双方约定以施工图及其预算和有关条件进行合同价款计算、调整和确认的建设工程施工合同。

14. 成本加酬金合同

发承包双方约定以施工工程成本再加合同约定酬金进行合同价款计算、调整和确认的建设工程施工合同。

15. 工程造价信息

工程造价管理机构根据调查和预算发布的建设工程人工、材料、工程设备、施工机械台班的价格信息，以及各类工程的造价指数、指标。

16. 工程造价指数

反映一定时期的工程造价相对于某一固定时期的工程造价变化程度的比值或比率。包括按单位或单项工程划分的造价指数，按工程造价构成要素划分的人工、材料、机械等价格指数。

17. 工程变更

合同工程实施过程中由发包人提出或由承包人提出经发包人批准的合同工程任何一项工作的增、减、取消或施工工艺、顺序、时间的改变；设计图纸的修改；施工条件的改变；招标工程量清单的错、漏从而引起合同条件的改变或工程量的增减变化。

18. 工程量偏差

承包人按照合同工程的图纸（含经发包人批准由承包人提供的图纸）实施，按照现行国家计量规范规定的工程量计算规则计算得到的完成合同工程项目应予计量的工程量与相应的招标工程量清单项目列出的工程量之间出现的量差。

19. 暂列金额

招标人在工程量清单中暂定并包括在合同价款中的一笔款项。用于工程合同签订时尚未确定或者不可预见的所需材料、工程设备、服务的采购，施工中可能发生的工程变更、合同约定调整因素出现时的合同价款调整以及发生的索赔、现场签证确认等的费用。

20. 暂估价

招标人在工程量清单中提供的用于支付必然发生但暂时不能确定价格的材料、工程设备的单价以及专业工程的金额。

21. 计日工

在施工过程中，承包人完成发包人提出的工程合同范围以外的零星项目或工作，按合同中约定的单价计价的一种方式。

22. 总承包服务费

总承包人为配合协调发包人进行的专业工程发包，对发包人自行采购的材料、工程设备等进行保管以及施工现场管理、竣工资料汇总整理等服务所需的费用。

23. 安全文明施工费

在合同履行过程中，承包人按照国家法律、法规、标准等规定，为保证安全施工、文明施工，保护现场内外环境和搭拆临时设施等所采用的措施而发生的费用。

24. 索赔

在工程合同履行过程中，合同当事人一方因非己方的原因而遭受损失，按合同约定或法律法规规定应由对方承担责任，从而向对方提出补偿的要求。

25. 现场签证

发包人现场代表（或其授权的监理人、工程造价咨询人）与承包人现场代表就施工过程中涉及的责任事件所作的签认证明。

26. 提前竣工（赶工）费

承包人应发包人的要求而采取加快工程进度措施，使合同工程工期缩短，由此产生的应由发包人支付的费用。

27. 误期赔偿费

承包人未按照合同工程的计划进度施工，导致实际工期超过合同工期（包括经发包人批准的延长工期），承包人应向发包人赔偿损失的费用。

28. 不可抗力

发承包双方在工程合同签订时不能预见的，对其发生的后果不能避免，并且不能克服的自然灾害和社会性突发事件。

29. 工程设备

指构成或计划构成永久工程一部分的机电设备、金属结构设备、仪器装置及其他类似的设备和装置。

30. 缺陷责任期

指承包人对已交付使用的合同工程承担合同约定的缺陷修复责任的期限。

31. 质量保证金

发承包双方在工程合同中约定，从应付合同价款中预留，用以保证承包人在缺陷责任期内履行缺陷修复义务的金额。

32. 费用

承包人为履行合同所发生或将要发生的所有合理开支，包括管理费和应分摊的其他费用，但不包括利润。

33. 利润

承包人完成合同工程获得的盈利。

34. 企业定额

施工企业根据本企业的施工技术、机械装备和管理水平而编制的人工、材料和施工机械台班等的消耗标准。

35. 规费

根据国家法律、法规规定，由省级政府或省级有关权力部门规定施工企业必须缴纳的，应计入建筑安装工程造价的费用。

36. 税金

国家税法规定的应计入建筑安装工程造价内的营业税、城市维护建设税、教育费附加和地方教育附加。

37. 发包人

具有工程发包主体资格和支付工程价款能力的当事人以及取得该当事人资格的合法继承人，有时又称招标人。

38. 承包人

被发包人接受的具有工程施工承包主体资格的当事人以及取得该当事人资格的合法继承人，有时又称投标人。

39. 工程造价咨询人

取得工程造价咨询资质等级证书，接受委托从事建设工程造价咨询活动的当事人以及取得该当事人资格的合法继承人。

40. 造价工程师

取得造价工程师注册证书，在一个单位注册、从事建设工程造价活动的专业人员。

41. 造价员

取得全国建设工程造价员资格证书，在一个单位注册、从事建设工程造价活动的专业人员。

42. 单价项目

工程量清单中以单价计价的项目，即根据合同工程图纸（含设计变更）和相关工程现行国家计量规范规定的工程量计算规则进行计量，与已标价工程量清单相应综合单价进行价款计算的项目。

43. 总价项目

工程量清单中以总价计价的项目，即此类项目在相关工程现行国家计量规范中无工程量计算规则，以总价（或计算基础乘费率）计算的项目。

44. 工程计量

发承包双方根据合同约定，对承包人完成合同工程的数量进行的计算和确认。

45. 工程结算

发承包双方根据合同约定，对合同工程在实施中、终止时、已完工后进行的合同价款计算、调整和确认。包括期中结算、终止结算、竣工结算。

46. 招标控制价

招标人根据国家或省级、行业建设主管部门颁发的有关计价依据和办法，以及拟定的招标文件和招标工程量清单，结合工程具体情况编制的招标工程的最高投标限价。

47. 投标价

投标人投标时响应招标文件要求所报出的对已标价工程量清单汇总后标明的总价。

48. 签约合同价（合同价款）

发承包双方在工程合同中约定的工程造价，即包括了分部分项工程费、措施项目费、其他项目费、规费和税金的合同总金额。

49. 预付款

在开工前，发包人按照合同约定，预先支付给承包人用于购买合同工程施工所需的材料、工程设备，以及组织施工机械和人员进场等的款项。

50. 进度款

在合同工程施工过程中，发包人按照合同约定对付款周期内承包人完成的合同价款给予支付的款项，也是合同价款期中结算支付。

51. 合同价款调整

在合同价款调整因素出现后，发承包双方根据合同约定，对合同价款进行变动的提出、计算和确认。

52. 竣工结算价

发承包双方依据国家有关法律、法规和标准规定，按照合同约定确定的，包括在履行合同过程中按合同约定进行的合同价款调整，是承包人按合同约定完成了全部承包工作后，发包人应付给承包人的合同总金额。

53. 工程造价鉴定

工程造价咨询人接受人民法院、仲裁机关委托，对施工合同纠纷案件中的工程造价争议，运用专门知识进行鉴别、判断和评定，并提供鉴定意见的活动。也称为工程造价司法鉴定。

1.3 工程量清单计价表格组成与应用

1.3.1 计价表格的组成

1. 工程计价文件封面

1）招标工程量清单封面：封-1。

2）招标控制价封面：封-2。

3）投标总价封面：封-3。

4）竣工结算书封面：封-4。

5）工程造价鉴定意见书封面：封-5。

2. 工程计价文件扉页

1）招标工程量清单扉页：扉-1。

2）招标控制价扉页：扉-2。

3）投标总价扉页：扉-3。

4）竣工结算总价扉页：扉-4。

5）工程造价鉴定意见书扉页：扉-5

3. 工程计价总说明

总说明：表-01。

4. 工程计价汇总表

1）建设项目招标控制价/投标报价汇总表：表-02。

2）单项工程招标控制价/投标报价汇总表：表-03。

3）单位工程招标控制价/投标报价汇总表：表-04。

4）建设项目竣工结算汇总表：表-05。

5）单项工程竣工结算汇总表：表-06。

6）单位工程竣工结算汇总表：表-07。

5. 分部分项工程和措施项目计价表

1）分部分项工程和单价措施项目清单与计价表：表-08。

2）综合单价分析表：表-09。

3）综合单价调整表：表-10。

4）总价措施项目清单与计价表：表-11。

6. 其他项目计价表

1）其他项目清单与计价汇总表：表-12。

2）暂列金额明细表：表-12-1。

3）材料（工程设备）暂估单价及调整表：表-12-2。

4）专业工程暂估价及结算价表：表-12-3。

5）计日工表：表-12-4。

6）总承包服务费计价表：表-12-5。

7）索赔与现场签证计价汇总表：表-12-6。

8）费用索赔申请（核准）表：表-12-7。

9）现场签证表：表-12-8。

7. 规费、税金项目计价表

规费、税金项目计价表：表-13。

8. 工程计量申请（核准）表

工程计量申请（核准）表：表-14。

9. 合同价款支付申请（核准）表

1）预付款支付申请（核准）表：表-15。

2）总价项目进度款支付分解表：表-16。

3）进度款支付申请（核准）表：表-17。

4）竣工结算款支付申请（核准）表：表-18。

5）最终结清支付申请（核准）表：表-19。

10. 主要材料、工程设备一览表

1）发包人提供材料和工程设备一览表：表-20。

2）承包人提供主要材料和工程设备一览表（适用于造价信息差额调整法）：表-21。

3）承包人提供主要材料和工程设备一览表（适用于价格指数差额调整法）：表-22。

1.3.2　计价表格的使用规定

1）工程计价表宜采用统一格式。各省、自治区、直辖市建设行政主管部门和行业建设主管部门可根据本地区、本行业的实际情况，在《建设工程工程量清单计价规范》GB 50500—2013中附录B至附录L计价表格的基础上补充完善。

2）工程计价表格的设置应满足工程计价的需要，方便使用。

3）工程量清单的编制使用表格包括：封-1、扉-1、表-01、表-08、表-11、表-12（不含表-12-6～表-12-8）、表-13、表-20、表-21或表-22。

4）招标控制价、投标报价、竣工结算的编制使用表格：

①招标控制价使用表格包括：封-2、扉-2、表-01、表-02、表-03、表-04、表-08、表-09、表-11、表-12（不含表-12-6～表-12-8）、表-13、表-20、表-21或表-22。

②投标报价使用的表格包括：封-3、扉-3、表-01、表-02、表-03、表-04、表-08、表-09、表-11、表-12（不含表-12-6～表-12-8）、表-13、表-16、招标文件提供的表-20、表-21或表-22。

③竣工结算使用的表格包括：封-4、扉-4、表-01、表-05、表-06、表-07、表-08、表-09、表-10、表-11、表-12、表-13、表-14、表-15、表-16、表-17、表-18、表-19、表-20、表-21或表-22。

5）工程造价鉴定使用表格包括：封-5、扉-5、表-01、表-05～表-20、表-21或表-22。

6）投标人应按招标文件的要求，附工程量清单综合单价分析表。

水暖工程工程量计价表格的应用与填制说明见第五章。

2 建筑安装工程费用构成与计算

2.1 按费用构成要素划分的构成与计算

2.1.1 按费用构成要素划分的费用构成

建筑安装工程费按照费用构成要素划分：由人工费、材料（包含工程设备，下同）费、施工机具使用费、企业管理费、利润、规费和税金组成。其中人工费、材料费、施工机具使用费、企业管理费和利润包含在分部分项工程费、措施项目费、其他项目费中，如图2-1所示。

1. 人工费

人工费是指按工资总额构成规定，支付给从事建筑安装工程施工的生产工人和附属生产单位工人的各项费用，其内容包括：

1）计时工资或计件工资是指按计时工资标准和工作时间或对已做工作按计件单价支付给个人的劳动报酬。

2）奖金是指对超额劳动和增收节支支付给个人的劳动报酬。如节约奖、劳动竞赛奖等。

3）津贴补贴是指为了补偿职工特殊或额外的劳动消耗和因其他特殊原因支付给个人的津贴，以及为了保证职工工资水平不受物价影响支付给个人的物价补贴。如流动施工津贴、特殊地区施工津贴、高温（寒）作业临时津贴、高空津贴等。

4）加班加点工资是指按规定支付的在法定节假日工作的加班工资和在法定日工作时间外延时工作的加点工资。

5）特殊情况下支付的工资是指根据国家法律、法规和政策规定，因病、工伤、产假、计划生育假、婚丧假、事假、探亲假、定期休假、停工学习、执行国家或社会义务等原因按计时工资标准或计时工资标准的一定比例支付的工资。

2. 材料费

材料费是指施工过程中耗费的原材料、辅助材料、构配件、零件、半成品或成品、工程设备的费用。内容包括：

1）材料原价是指材料、工程设备的出厂价格或商家供应价格。

2）运杂费是指材料、工程设备自来源地运至工地仓库或指定堆放地点所发生的全部费用。

3）运输损耗费是指材料在运输装卸过程中不可避免的损耗。

4）采购及保管费是指为组织采购、供应和保管材料、工程设备的过程中所需要的各项费用。包括采购费、仓储费、工地保管费、仓储损耗。

工程设备是指构成或计划构成永久工程一部分的机电设备、金属结构设备、仪器装置及其他类似的设备和装置。

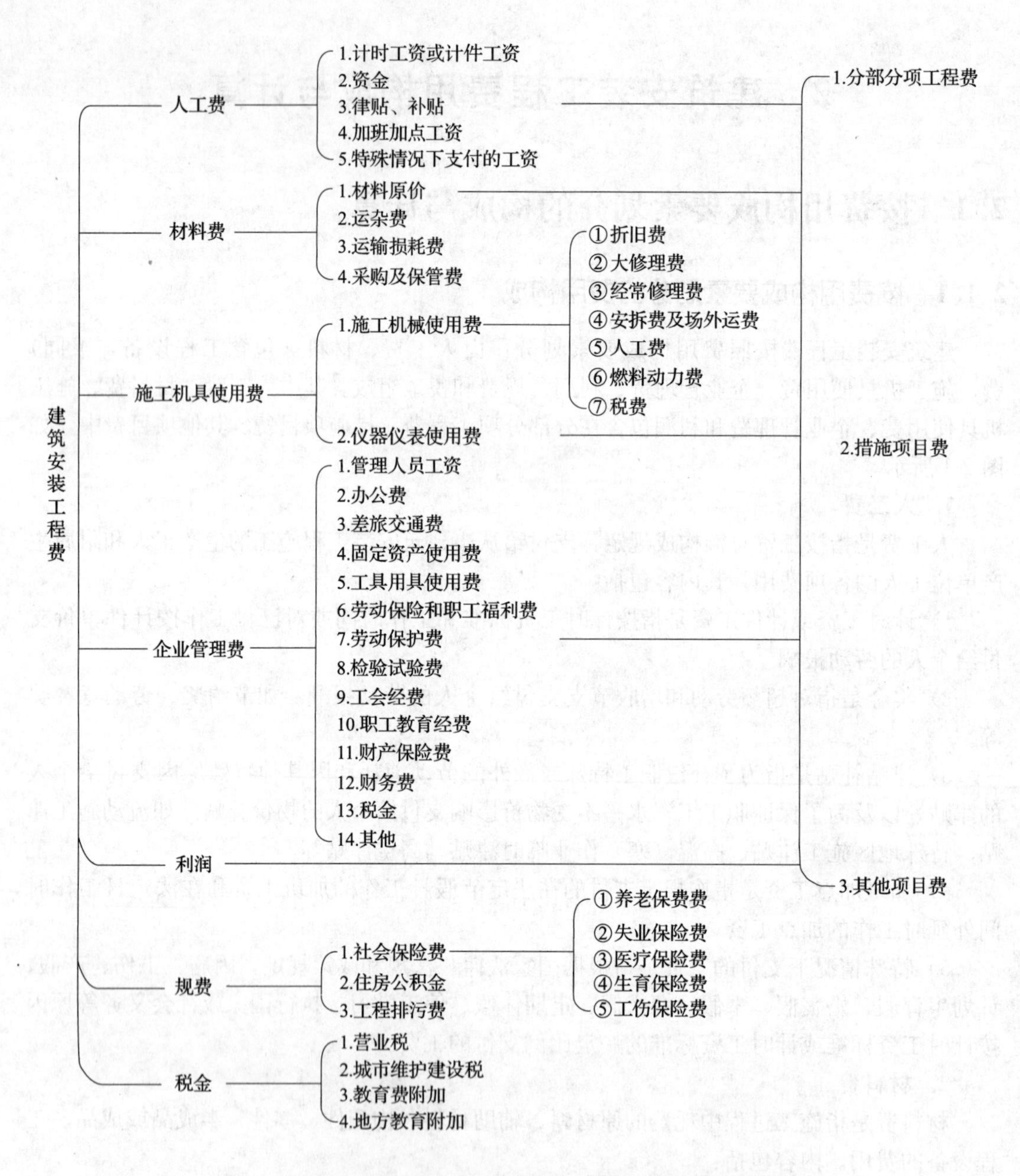

图 2-1 建筑安装工程费用项目组成（按费用构成要素划分）

3. 施工机具使用费

施工机具使用费是指施工作业所发生的施工机械、仪器仪表使用费或其租赁费。

1）施工机械使用费以施工机械台班耗用量乘以施工机械台班单价表示，施工机械台班单价应由下列几项费用组成：

①折旧费是指施工机械在规定的使用年限内，陆续收回其原值的费用。

②大修理费是指施工机械按规定的大修理间隔台班进行必要的大修理，以恢复其正常功能所需的费用。

③经常修理费是指施工机械除大修理以外的各级保养和临时故障排除所需的费用。包括为保障机械正常运转所需替换设备与随机配备工具附具的摊销和维护费用，机械运转中日常保养所需润滑与擦拭的材料费用及机械停滞期间的维护和保养费用等。

④安拆费及场外运费安拆费是指施工机械（大型机械除外）在现场进行安装与拆卸所需的人工、材料、机械和试运转费用以及机械辅助设施的折旧、搭设、拆除等费用，场外运费指施工机械整体或分体自停放地点运至施工现场或由一施工地点运至另一施工地点的运输、装卸、辅助材料及架线等费用。

⑤人工费是指机上司机（司炉）和其他操作人员的人工费。

⑥燃料动力费是指施工机械在运转作业中所消耗的各种燃料及水、电等。

⑦税费是指施工机械按照国家规定应缴纳的车船使用税、保险费及年检费等。

2）仪器仪表使用费是指工程施工所需使用的仪器仪表的摊销及维修费用。

4. 企业管理费

企业管理费是指建筑安装企业组织施工生产和经营管理所需的费用。内容包括：

（1）管理人员工资

管理人员工资是指按规定支付给管理人员的计时工资、奖金、津贴补贴、加班加点工资及特殊情况下支付的工资等。

（2）办公费

办公费是指企业管理办公用的文具、纸张、账表、印刷、邮电、书报、办公软件、现场监控、会议、水电、烧水和集体取暖降温（包括现场临时宿舍取暖降温）等费用。

（3）差旅交通费

差旅交通费是指职工因公出差、调动工作的差旅费、住勤补助费，市内交通费和误餐补助费，职工探亲路费，劳动力招募费，职工退休、退职一次性路费，工伤人员就医路费，工地转移费以及管理部门使用的交通工具的油料、燃料等费用。

（4）固定资产使用费

固定资产使用费是指管理和试验部门及附属生产单位使用的属于固定资产的房屋、设备、仪器等的折旧、大修、维修或租赁费。

（5）工具用具使用费

工具用具使用费是指企业施工生产和管理使用的不属于固定资产的工具、器具、家具、交通工具和检验、试验、测绘、消防用具等的购置、维修和摊销费。

（6）劳动保险和职工福利费

劳动保险和职工福利费是指由企业支付的职工退职金、按规定支付给离休干部的经费，集体福利费、夏季防暑降温、冬季取暖补贴、上下班交通补贴等。

（7）劳动保护费

劳动保护费是企业按规定发放的劳动保护用品的支出。如工作服、手套、防暑降温饮料以及在有碍身体健康的环境中施工的保健费用等。

（8）检验试验费

检验试验费是指施工企业按照有关标准规定，对建筑以及材料、构件和建筑安装物进行一般鉴定、检查所发生的费用，包括自设试验室进行试验所耗用的材料等费用。不包括新结构、新材料的试验费，对构件做破坏性试验及其他特殊要求检验试验的费用和建设单位委托检测机构进行检测的费用，对此类检测发生的费用，由建设单位在工程建设其他费用中列支。但对施工企业提供的具有合格证明的材料进行检测不合格的，该检测费用由施工企业支付。

(9) 工会经费

工会经费是指企业按《工会法》规定的全部职工工资总额比例计提的工会经费。

(10) 职工教育经费

职工教育经费是指按职工工资总额的规定比例计提，企业为职工进行专业技术和职业技能培训，专业技术人员继续教育、职工职业技能鉴定、职业资格认定以及根据需要对职工进行各类文化教育所发生的费用。

(11) 财产保险费

财产保险费是指施工管理用财产、车辆等的保险费用。

(12) 财务费

财务费是指企业为施工生产筹集资金或提供预付款担保、履约担保、职工工资支付担保等所发生的各种费用。

(13) 税金

税金是指企业按规定缴纳的房产税、车船使用税、土地使用税、印花税等。

(14) 其他

其他包括技术转让费、技术开发费、投标费、业务招待费、绿化费、广告费、公证费、法律顾问费、审计费、咨询费、保险费等。

5. 利润

利润是指施工企业完成所承包工程获得的盈利。

6. 规费

规费是指按国家法律、法规规定，由省级政府和省级有关权力部门规定必须缴纳或计取的费用，其中包括：

(1) 社会保险费

1）养老保险费是指企业按照规定标准为职工缴纳的基本养老保险费。

2）失业保险费是指企业按照规定标准为职工缴纳的失业保险费。

3）医疗保险费是指企业按照规定标准为职工缴纳的基本医疗保险费。

4）生育保险费是指企业按照规定标准为职工缴纳的生育保险费。

5）工伤保险费是指企业按照规定标准为职工缴纳的工伤保险费。

(2) 住房公积金

住房公积金是指企业按规定标准为职工缴纳的住房公积金。

(3) 工程排污费

工程排污费是指按规定缴纳的施工现场工程排污费。

其他应列而未列入的规费，按实际发生计取。

7. 税金

税金是指国家税法规定的应计入建筑安装工程造价内的营业税、城市维护建设税、教育费附加以及地方教育附加。

2.1.2 按费用构成要素划分的费用计算

1. 人工费

$$人工费=\sum（工日消耗量\times 日工资单价） \tag{2-1}$$

$$日工资单价=\frac{生产工人平均月工资（许时计件）+平均月（奖金+律贴补贴+特殊情况下支付的工资）}{年平均每月法定工作日} \tag{2-2}$$

注：公式（2-1）主要适用于施工企业投标报价时自主确定人工费，也是工程造价管理机构编制计价定额确定定额人工单价或发布人工成本信息的参考依据。

$$人工费=\sum（工程工日消耗量\times 日工资单价） \tag{2-3}$$

日工资单价是指施工企业平均技术熟练程度的生产工人在每工作日（国家法定工作时间内）按规定从事施工作业应得的日工资总额。

工程造价管理机构确定日工资单价应通过市场调查、根据工程项目的技术要求，参考实物工程量人工单价综合分析确定，最低日工资单价不得低于工程所在地人力资源和社会保障部门所发布的最低工资标准的：普工 1.3 倍、一般技工 2 倍、高级技工 3 倍。

工程计价定额不可只列一个综合工日单价，应根据工程项目技术要求和工种差别适当划分多种日人工单价，确保各分部工程人工费的合理构成。

注：公式（2-3）适用于工程造价管理机构编制计价定额时确定定额人工费，是施工企业投标报价的参考依据。

2. 材料费

（1）材料费

$$材料费=\sum（材料消耗量\times 材料单价） \tag{2-4}$$

$$材料单价=\{（材料原价+运杂费）\times [1+运输损耗率（\%）]\}\times [1+采购保管费率（\%）] \tag{2-5}$$

（2）工程设备费

$$工程设备费=\sum（工程设备量\times 工程设备单价） \tag{2-6}$$

$$工程设备单价=（设备原价+运杂费）\times [1+采购保管费率（\%）] \tag{2-7}$$

3. 施工机具使用费

（1）施工机械使用费

$$施工机械使用费=\sum（施工机械台班消耗量\times 机械台班单价） \tag{2-8}$$

$$机械台班单价=台班折旧费+台班大修费+台班经常修理费+台班安拆费及场外运费+台班人工费+台班燃料动力费+台班车船税费 \tag{2-9}$$

注：工程造价管理机构在确定计价定额中的施工机械使用费时，应根据《建筑施工机械台班费用计算规则》结合市场调查编制施工机械台班单价。施工企业可以参考工程造价管理机构发布的台班单价，自主确定施工机械使用费的报价，如租赁施工机械，公式为：施工机械使用费$=\sum$（施工机械台班消耗量×机械台班租赁单价）

（2）仪器仪表使用费

$$仪器仪表使用费=工程使用的仪器仪表摊销费+维修费 \tag{2-10}$$

4. 企业管理费费率

(1) 以分部分项工程费为计算基础

$$企业管理费费率(\%)=\frac{生产工人年平均管理费}{年有效施工天数\times人工单价}\times 人工费占分部分项目工程费比例(\%) \quad (2\text{-}11)$$

(2) 以人工费和机械费合计为计算基础

$$企业管理费费率(\%)=\frac{生产工人年平均管理费}{年有效施工天数\times(人工单位+每一工日机械使用费)}\times 100\% \quad (2\text{-}12)$$

(3) 以人工费为计算基础

$$企业管理费费率(\%)=\frac{生产工人年平均管理费}{年有效施工天数\times人工单价}\times 100\% \quad (2\text{-}13)$$

注：上述公式适用于施工企业投标报价时自主确定管理费，是工程造价管理机构编制计价定额确定企业管理费的参考依据。

工程造价管理机构在确定计价定额中企业管理费时，应以定额人工费或（定额人工费+定额机械费）作为计算基数，其费率根据历年工程造价积累的资料，辅以调查数据确定，列入分部分项工程和措施项目中。

5. 利润

1）施工企业根据企业自身需求并结合建筑市场实际自主确定，列入报价中。

2）工程造价管理机构在确定计价定额中利润时，应以定额人工费或（定额人工费+定额机械费）作为计算基数，其费率根据历年工程造价积累的资料，并结合建筑市场实际确定、以单位（单项）工程测算，利润在税前建筑安装工程费的比重可按不低于5%且不高于7%的费率计算。利润应列入分部分项工程和措施项目中。

6. 规费

1）社会保险费和住房公积金应以定额人工费为计算基础，根据工程所在地省、自治区、直辖市或行业建设主管部门规定费率计算。

$$社会保险费和住房公积金=\sum(工程定额人工费\times社会保险费和住房公积金费率) \quad (2\text{-}14)$$

式中：社会保险费和住房公积金费率可以每万元发承包价的生产工人人工费和管理人员工资含量与工程所在地规定的缴纳标准综合分析取定。

2）工程排污费等其他应列而未列入的规费应按工程所在地环境保护等部门规定的标准缴纳，按实计取列入。

7. 税金

税金计算公式：

$$税金=税前造价\times综合税率(\%) \quad (2\text{-}15)$$

综合税率：

1）纳税地点在市区的企业：

$$综合税率(\%)=\frac{1}{1-3\%-(3\%\times7\%)-(3\%\times3\%)-(3\%\times2\%)}-1 \quad (2\text{-}16)$$

2）纳税地点在县城、镇的企业：

$$综合税率（\%）=\frac{1}{1-3\%-(3\%\times5\%)-(3\%\times3\%)-(3\%\times2\%)}-1 \quad (2\text{-}17)$$

3）纳税地点不在市区、县城、镇的企业：

$$综合税率（\%）=\frac{1}{1-3\%-(3\%\times1\%)-(3\%\times3\%)-(3\%\times2\%)}-1 \quad (2\text{-}18)$$

4）实行营业税改增值税的，按纳税地点现行税率计算。

2.2　按造价形式划分的构成与计算

2.2.1　按造价形式划分的费用构成

建筑安装工程费按照工程造价形式由分部分项工程费、措施项目费、其他项目费、规费、税金组成，分部分项工程费、措施项目费、其他项目费包含人工费、材料费、施工机具使用费、企业管理费和利润，如图 2-2 所示。

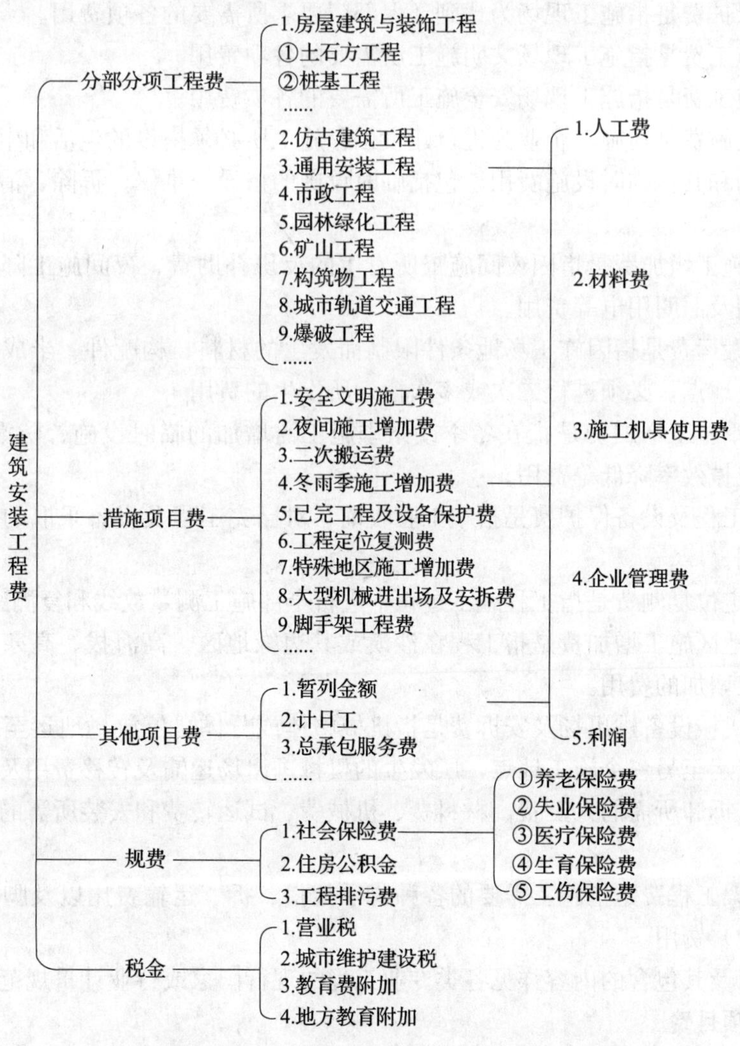

图 2-2　建筑安装工程费用项目组成（按造价形式划分）

1. 分部分项工程费

分部分项工程费是指各专业工程的分部分项工程应予列支的各项费用。

1）专业工程是指按现行国家计量规范划分的房屋建筑与装饰工程、仿古建筑工程、通用安装工程、市政工程、园林绿化工程、矿山工程、构筑物工程、城市轨道交通工程、爆破工程等各类工程。

2）分部分项工程是指按现行国家计量规范对各专业工程划分的项目。如市政工程划分的土石方工程、道路工程、桥涵工程、隧道工程、管网工程、水处理工程、生活垃圾处理工程、路灯工程、钢筋工程及拆除工程等。

各类专业工程的分部分项工程划分见现行国家或行业计量规范。

2. 措施项目费

措施项目费是指为完成建设工程施工，发生于该工程施工前和施工过程中的技术、生活、安全、环境保护等方面的费用，其内容包括：

1）安全文明施工费：

①环境保护费是指施工现场为达到环保部门要求所需要的各项费用。

②文明施工费是指施工现场文明施工所需要的各项费用。

③安全施工费是指施工现场安全施工所需要的各项费用。

④临时设施费是指施工企业为进行建设工程施工所必须搭设的生活和生产用的临时建筑物、构筑物和其他临时设施费用，包括临时设施的搭设、维修、拆除、清理费或摊销费等。

2）夜间施工增加费是指因夜间施工所发生的夜班补助费、夜间施工降效、夜间施工照明设备摊销及照明用电等费用。

3）二次搬运费是指因施工场地条件限制而发生的材料、构配件、半成品等一次运输不能到达堆放地点，必须进行二次或多次搬运所发生的费用。

4）冬雨季施工增加费是指在冬季或雨季施工需增加的临时设施、防滑、排除雨雪，人工及施工机械效率降低等费用。

5）已完工程及设备保护费是指竣工验收前，对已完工程及设备采取的必要保护措施所发生的费用。

6）工程定位复测费是指工程施工过程中进行全部施工测量放线和复测工作的费用。

7）特殊地区施工增加费是指工程在沙漠或其边缘地区、高海拔、高寒、原始森林等特殊地区施工增加的费用。

8）大型机械设备进出场及安拆费是指机械整体或分体自停放场地运至施工现场或由一个施工地点运至另一个施工地点，所发生的机械进出场运输及转移费用及机械在施工现场进行安装、拆卸所需的人工费、材料费、机械费、试运转费和安装所需的辅助设施的费用。

9）脚手架工程费是指施工需要的各种脚手架搭、拆、运输费用以及脚手架购置费的摊销（或租赁）费用。

措施项目及其包含的内容详见各类专业工程的现行国家或行业计量规范。

3. 其他项目费

1）暂列金额是指建设单位在工程量清单中暂定并包括在工程合同价款中的一笔款项。

用于施工合同签订时尚未确定或者不可预见的所需材料、工程设备、服务的采购，施工中可能发生的工程变更、合同约定调整因素出现时的工程价款调整以及发生的索赔、现场签证确认等的费用。

2）计日工是指在施工过程中，施工企业完成建设单位提出的施工图纸以外的零星项目或工作所需的费用。

3）总承包服务费是指总承包人为配合、协调建设单位进行的专业工程发包，对建设单位自行采购的材料、工程设备等进行保管以及施工现场管理、竣工资料汇总整理等服务所需的费用。

4. 规费

规费定义同“2.1.2 按费用构成要素划分的费用构成”第6条“规费”。

5. 税金

税金定义同“2.1.2 按费用构成要素划分的费用构成”第7条“税金”。

2.2.2 按造价形式划分的费用计算

1. 分部分项工程费

$$\text{分部分项工程费}=\sum(\text{分部分项工程量}\times\text{综合单价}) \tag{2-19}$$

式中：综合单价包括人工费、材料费、施工机具使用费、企业管理费和利润以及一定范围的风险费用（下同）。

2. 措施项目费

1）国家计量规范规定应予计量的措施项目，其计算公式为：

$$\text{措施项目费}=\sum(\text{措施项目工程量}\times\text{综合单价}) \tag{2-20}$$

2）国家计量规范规定不宜计量的措施项目计算方法如下：

①安全文明施工费：

$$\text{安全文明施工费}=\text{计算基数}\times\text{安全文明施工费费率}(\%) \tag{2-21}$$

计算基数应为定额基价（定额分部分项工程费＋定额中可以计量的措施项目费）、定额人工费或（定额人工费＋定额机械费），其费率由工程造价管理机构根据各专业工程的特点综合确定。

②夜间施工增加费：

$$\text{夜间施工增加费}=\text{计算基数}\times\text{夜间施工增加费费率}(\%) \tag{2-22}$$

③二次搬运费：

$$\text{二次搬运费}=\text{计算基数}\times\text{二次搬运费费率}(\%) \tag{2-23}$$

④冬雨季施工增加费：

$$\text{冬雨季施工增加费}=\text{计算基数}\times\text{冬雨季施工增加费费率}(\%) \tag{2-24}$$

⑤已完工程及设备保护费：

$$\text{已完工程及设备保护费}=\text{计算基数}\times\text{已完工程及设备保护费费率}(\%) \tag{2-25}$$

上述①～⑤项措施项目的计费基数应为定额人工费或（定额人工费＋定额机械费），其费率由工程造价管理机构根据各专业工程特点和调查资料综合分析后确定。

3. 其他项目费

1）暂列金额由建设单位根据工程特点，按有关计价规定估算，施工过程中由建设单位掌握使用、扣除合同价款调整后如有余额，归建设单位。

2）计日工由建设单位和施工企业按施工过程中的签证计价。

3）总承包服务费由建设单位在招标控制价中根据总承包服务范围和有关计价规定编制，施工企业投标时自主报价，施工过程中按签约合同价执行。

4. 规费和税金

建设单位和施工企业均应按照省、自治区、直辖市或行业建设主管部门发布标准计算规费和税金，不得作为竞争性费用。

2.3 建筑安装工程参考费率

2.3.1 安装工程施工技术措施费

安装工程施工技术措施费按安装工程计价规范和安装工程消耗量定额规定执行。

2.3.2 安装工程施工组织措施费费率

安装工程施工组织措施费费率见表 2-1。

表 2-1 安装工程施工组织措施费费率

<table>
<tr><th>定额编号</th><th colspan="2">项 目 名 称</th><th>计算基数</th><th>费率（%）</th></tr>
<tr><td>C1</td><td colspan="4">施工组织措施费</td></tr>
<tr><td>C1-1</td><td colspan="2">环境保护费</td><td>人工费＋机械费</td><td>0.2～0.9</td></tr>
<tr><td>C1-2</td><td colspan="2">文明施工费</td><td rowspan="4">人工费＋机械费</td><td>1.5～4.2</td></tr>
<tr><td>C1-3</td><td colspan="2">安全施工费</td><td>1.6～3.6</td></tr>
<tr><td>C1-4</td><td colspan="2">临时设施费</td><td>4.2～7.0</td></tr>
<tr><td>C1-5</td><td colspan="2">夜间施工费</td><td>0～0.2</td></tr>
<tr><td>C1-6</td><td colspan="4">缩短工期措施费</td></tr>
<tr><td>C1-6.1</td><td rowspan="3">其中</td><td>缩短工期10%以内</td><td rowspan="8">人工费＋机械费</td><td>0～2.5</td></tr>
<tr><td>C1-6.2</td><td>缩短工期20%以内</td><td>2.5～4.0</td></tr>
<tr><td>C1-6.3</td><td>缩短工期30%以内</td><td>4.0～6.0</td></tr>
<tr><td>C1-7</td><td colspan="2">二次搬运费</td><td>0.6～1.3</td></tr>
<tr><td>C1-8</td><td colspan="2">已完工程及设备保护费</td><td>0～0.3</td></tr>
<tr><td>C1-9</td><td colspan="2">冬雨期施工增加费</td><td>1.1～2.0</td></tr>
<tr><td>C1-10</td><td colspan="2">工程定位复测、工程点交、场地清理费</td><td>0.4～1.0</td></tr>
<tr><td>C1-11</td><td colspan="2">生产工具用具使用费</td><td>0.9～2.1</td></tr>
</table>

2.3.3 安装工程企业管理费费率

安装工程企业管理费费率见表 2-2。

表 2-2 安装工程企业管理费费率

<table>
<tr><th rowspan="2">定额编号</th><th rowspan="2">项 目 名 称</th><th rowspan="2">计算基数</th><th colspan="3">费率（%）</th></tr>
<tr><th>一类</th><th>二类</th><th>三类</th></tr>
<tr><td>C2</td><td colspan="5">企业管理费</td></tr>
<tr><td>C2-1</td><td>机械设备、热力设备、静置设备与工艺金属结构</td><td>人工费＋机械费</td><td>30～35</td><td>24～29</td><td>18～23</td></tr>
<tr><td>C2-2</td><td>工业管道及水、暖、通风、消防管道</td><td>人工费＋机械费</td><td>35～40</td><td>29～34</td><td>23～28</td></tr>
<tr><td>C2-3</td><td>电气、智能化、自动化控制及消防电气</td><td>人工费＋机械费</td><td>37～42</td><td>31～36</td><td>25～30</td></tr>
<tr><td>C2-4</td><td>炉窑砌筑工程</td><td>人工费＋机械费</td><td>30～40</td><td>19～29</td><td>—</td></tr>
</table>

2.3.4 安装工程利润率

安装工程利润率见表 2-3。

表 2-3 安装工程利润率

<table>
<tr><th rowspan="2">定额编号</th><th rowspan="2">项 目 名 称</th><th rowspan="2">计算基数</th><th colspan="3">费率（%）</th></tr>
<tr><th>一类</th><th>二类</th><th>三类</th></tr>
<tr><td>C3</td><td colspan="5">利润</td></tr>
<tr><td>C3-1</td><td>机械设备、热力设备、静置设备与工艺金属结构</td><td rowspan="4">人工费＋机械费</td><td>30～35</td><td>24～29</td><td>18～23</td></tr>
<tr><td>C3-2</td><td>工业管道及水、暖、通风、消防管道</td><td>21～26</td><td>15～20</td><td>9～14</td></tr>
<tr><td>C3-3</td><td>电气、智能化、自动化控制及消防电气</td><td>25～30</td><td>19～24</td><td>13～18</td></tr>
<tr><td>C3-4</td><td>炉窑砌筑工程</td><td>15～20</td><td>9～14</td><td>—</td></tr>
</table>

2.3.5 安装工程规费费率

安装工程规费费率见表 2-4。

表 2-4 安装工程规费费率

定额编号	项目名称	计算基数	费率（%）
C4	规费		
C4-1	社会保险费		
C4-1.1	养老保险费	分部分项项目清单人工费＋施工技术措施项目清单人工费	20～35
C4-1.2	失业保险费		2～4
C4-1.3	医疗保险费		8～15
C4-2	住房公积金		10～20
C4-3	危险作业意外保险费		0.5～1.0
C4-4	工程排污费	按工程所在地环保部门规定记取	
C4-5	工程定额测定费	税前工程造价	0.124

2.3.6 安装工程税金费率

安装工程税金费率见表 2-5。

表 2-5 安装工程税金费率

定额编号	项目名称	计算基数	费率（%）		
			市区	城（镇）	其他
C5	税金	分部分项工程项目清单费＋措施项目清单费＋其他项目清单费＋规费	3.475	3.410	3.282
C5-1	税费		3.413	3.348	3.220
C5-2	水利建设基金		0.062	0.062	0.062

注：税费包括营业税、城市建设维护税及教育费附加。

2.4 建筑安装工程计价程序

建设单位工程招标控制价计价程序见表 2-6。

表 2-6 建设单位工程招标控制价计价程序

工程名称： 标段：

序号	内容	计算方法	金额（元）
1	分部分项工程费	按计价规定计算	
1.1			
1.2			
1.3			
1.4			
1.5			

续表 2-6

序号	内　容	计算方法	金额（元）
2	措施项目费	按计价规定计算	
2.1	其中：安全文明施工费	按规定标准计算	
3	其他项目费		
3.1	其中：暂列金额	按计价规定估算	
3.2	其中：专业工程暂估价	按计价规定估算	
3.3	其中：计日工	按计价规定估算	
3.4	其中：总承包服务费	按计价规定估算	
4	规费	按规定标准计算	
5	税金（扣除不列入计税范围的工程设备金额）	（1＋2＋3＋4）×规定税率	
招标控制价合计＝1＋2＋3＋4＋5			

施工企业工程投标报价计价程序见表 2-7。

表 2-7　施工企业工程投标报价计价程序

工程名称：　　　　　　　　　　　　　标段：

序号	内　容	计算方法	金额（元）
1	分部分项工程费	自主报价	
1.1			
1.2			
1.3			
1.4			
1.5			
2	措施项目费	自主报价	
2.1	其中：安全文明施工费	按规定标准计算	
3	其他项目费		
3.1	其中：暂列金额	按招标文件提供金额计列	
3.2	其中：专业工程暂估价	按招标文件提供金额计列	
3.3	其中：计日工	自主报价	
3.4	其中：总承包服务费	自主报价	
4	规费	按规定标准计算	
5	税金（扣除不列入计税范围的工程设备金额）	（1＋2＋3＋4）×规定税率	
投标报价合计＝1＋2＋3＋4＋5			

竣工结算计价程序见表 2-8。

表 2-8　竣工结算计价程序

工程名称：　　　　　　　　　　　　　　标段：

序号	内　　容	计算方法	金额（元）
1	分部分项工程费	按合约约定计算	
1.1			
1.2			
1.3			
1.4			
1.5			
2	措施项目	按合同约定计算	
2.1	其中：安全文明施工费	按规定标准计算	
3	其他项目		
3.1	其中：专业工程结算价	按合同约定计算	
3.2	其中：计日工	按计日工签证计算	
3.3	其中：总承包服务费	按合同约定计算	
3.4	索赔与现场签证	按发承包双方确认数额计算	
4	规费	按规定标准计算	
5	税金 （扣除不列入计税范围的工程设备金额）	（1＋2＋3＋4）×规定税率	
竣工结算总价合计＝1＋2＋3＋4＋5			

2.5　工程费用计算相关说明

1）各专业工程计价定额的编制及其计价程序，均按上述计算方法实施。

2）各专业工程计价定额的使用周期原则上为 5 年。

3）工程造价管理机构在定额使用周期内，应及时发布人工、材料、机械台班价格信息，实行工程造价动态管理，如遇国家法律、法规、规章或相关政策变化以及建筑市场物价波动较大时，应适时调整定额人工费、定额机械费以及定额基价或规费费率，使建筑安装工程费能反映建筑市场实际。

4）建设单位在编制招标控制价时，应按照各专业工程的计量规范和计价定额以及工程造价信息编制。

5）施工企业在使用计价定额时除不可竞争费用外，其余仅作参考，由施工企业投标时自主报价。

3 水暖工程工程量清单计价的编制

3.1 工程量清单编制

3.1.1 一般规定

1）招标工程量清单应由具有编制能力的招标人或受其委托、具有相应资质的工程造价咨询人编制。

2）招标工程量清单必须作为招标文件的组成部分，其准确性和完整性由招标人负责。

3）招标工程量清单是工程量清单计价的基础，应作为编制招标控制价、投标报价、计算工程量、工程索赔等的依据之一。

4）招标工程量清单应以单位（项）工程为单位编制，应由分部分项工程量清单、措施项目清单、其他项目清单、规费和税金项目清单组成。

5）编制工程量清单应依据：

①《通用安装工程工程量计算规范》GB 50856—2013 和现行国家标准《建设工程工程量清单计价规范》GB 50500—2013。

②国家或省级、行业建设主管部门颁发的计价依据和办法。

③建设工程设计文件。

④与建设工程项目有关的标准、规范、技术资料。

⑤拟定的招标文件。

⑥施工现场情况、工程特点及常规施工方案。

⑦其他相关资料。

6）其他项目、规费和税金项目清单应按照现行国家标准《建设工程工程量清单计价规范》GB 50500—2013 的相关规定编制。

7）编制工程量清单出现《通用安装工程工程量计算规范》GB 50856—2013 附录中未包括的项目，编制人应做补充，并报省级或行业工程造价管理机构备案，省级或行业工程造价管理机构应汇总报住房和城乡建设部标准定额研究所。

补充项目的编码由《通用安装工程工程量计算规范》GB 50856—2013 的代码 03 与 B 和三位阿拉伯数字组成，并应从 03B001 起顺序编制，同一招标工程的项目不得重码。

补充的工程量清单需附有补充项目的名称、项目特征、计量单位、工程量计算规则、工作内容。不能计量的措施项目，需附有补充项目的名称、工作内容及包含范围。

3.1.2 分部分项工程

1）工程量清单必须根据《通用安装工程工程量计算规范》GB 50856—2013 附录规定的项目编码、项目名称、项目特征、计量单位和工程量计算规则进行编制。

2）工程量清单的项目编码，应采用前十二位阿拉伯数字表示，一至九位应按《通用安装工程工程量计算规范》GB 50856—2013 附录的规定设置，十至十二位应根据拟建工程的工程量清单项目名称设置，同一招标工程的项目编码不得有重码。

各位数字的含义是：一、二位为专业工程代码（01—房屋建筑与装饰工程；02—仿古建筑工程；03—通用安装工程；04—市政工程；05—园林绿化工程；06—矿山工程；07—构筑物工程；08—城市轨道交通工程；09—爆破工程。以后进入国标的专业工程代码依此类推）；三、四位为工程分类顺序码；五、六位为分部工程顺序码；七、八、九位为分项工程项目名称顺序码；十至十二位为清单项目名称顺序码。

当同一标段（或合同段）的一份工程量清单中含有多个单位工程且工程量清单是以单位工程为编制对象时，在编制工程量清单时应特别注意对项目编码十至十二位的设置不得有重码的规定。例如，一个标段（或合同段）的工程量清单中含有 3 个单位工程，每一单位工程中都有项目特征相同的铜管安装项目，在工程量清单中又需反映 3 个不同单位工程的铜管安装工程量时，则第一个单位工程铜管安装的项目编码应为 031001004001，第二个单位工程铜管安装的项目编码应为 031001004002，第三个单位工程铜管安装的项目编码应为 031001004003，并分别列出各单位工程铜管安装的工程量。

3）工程量清单的项目名称应按《通用安装工程工程量计算规范》GB 50856—2013 附录的项目名称结合拟建工程的实际确定。

4）分部分项工程量清单项目特征应按《通用安装工程工程量计算规范》GB 50856—2013 附录中规定的项目特征，结合拟建工程项目的实际予以描述。

工程量清单的项目特征是确定一个清单项目综合单价不可缺少的重要依据，在编制工程量清单时，必须对项目特征进行准确和全面的描述。但有些项目特征用文字往往又难以准确和全面的描述清楚。因此，为达到规范、简洁、准确、全面描述项目特征的要求，在描述工程量清单项目特征时应按以下原则进行：

①项目特征描述的内容应按附录中的规定，结合拟建工程的实际，能满足确定综合单价的需要。

②若采用标准图集或施工图纸能够全部或部分满足项目特征描述的要求，项目特征描述可直接采用详见××图集或××图号的方式。对不能满足项目特征描述要求的部分，仍应用文字描述。

5）工程量清单中所列工程量应按《通用安装工程工程量计算规范》GB 50856—2013 附录中规定的工程量计算规则计算。

6）分部分项工程量清单的计量单位应按《通用安装工程工程量计算规范》GB 50856—2013 附录中规定的计量单位确定。

7）给水排水、采暖、燃气工程与市政工程管网工程的界定：室外给水排水、采暖、燃气管道以市政管道碰头井为界；厂区、住宅小区的庭院喷灌及喷泉水设备安装按本规范相应项目执行；公共庭院喷灌及喷泉水设备安装按现行国家标准《市政工程工程量计算规范》GB 50857—2013 管网工程的相应项目执行。

8）涉及管沟、坑及井类的土方开挖、垫层、基础、砌筑、抹灰、地沟盖板预制安装、回填、运输、路面开挖及修复、管道支墩的项目，按现行国家标准《房屋建筑与装饰工程工程量计算规范》GB 50854—2013 和《市政工程工程量计算规范》GB 50857—2013 的相应项目执行。

3.1.3　措施项目

1）措施项目清单必须根据相关工程现行国家计量规范的规定编制，应根据拟建工程的实际情况列项。

2）措施项目中列出了项目编码、项目名称、项目特征、计量单位、工程量计算规则的项目。编制工程量清单时，应按照“分部分项工程”的规定执行。

3）措施项目中仅列出项目编码、项目名称，未列出项目特征、计量单位和工程量计算规则的项目。编制工程量清单时，应按第五章“措施项目”规定的项目编码、项目名称确定。

3.1.4　其他项目

1）其他项目清单应按照下列内容列项：

①暂列金额。招标人暂定并包括在合同价款中的一笔款项。不管采用何种合同形式，其理想的标准是，一份合同的价格就是其最终的竣工结算价格，或者至少两者应尽可能接近。我国规定对政府投资工程实行概算管理，经项目审批部门批复的设计概算是工程投资控制的刚性指标，即使商业性开发项目也有成本的预先控制问题，否则，无法相对准确地预测投资的收益和科学合理地进行投资控制。但工程建设自身的特性决定了工程的设计需要根据工程进展不断地进行优化和调整，业主需求可能会随工程建设进展而出现变化，工程建设过程还会存在一些不能预见、不能确定的因素。消化这些因素必然会影响合同价格的调整，暂列金额正是因应这类不可避免的价格调整而设立，以便达到合理确定和有效控制工程造价的目标。

有一种错误的观念认为，暂列金额列入合同价格就属于承包人（中标人）所有了。事实上，即便是总价包干合同，也不是列入合同价格的任何金额都属于中标人的，是否属于中标人应得金额取决于具体的合同约定，暂列金额从定义开始就明确，只有按照合同约定程序实际发生后，才能成为中标人的应得金额，纳入合同结算价款中。扣除实际发生金额后的暂列金额余额仍属于招标人所有。设立暂列金额并不能保证合同结算价格不会再出现超过已签约合同价的情况，是否超出已签约合同价完全取决于对暂列金额预测的准确性，以及工程建设过程是否出现了其他事先未预测到的事件。

②暂估价。暂估价是指招标阶段直至签订合同协议时，招标人在招标文件中提供的用于支付必然要发生但暂时不能确定价格的材料以及专业工程的金额。其包括材料暂估价、工程设备暂估单价、专业工程暂估价。

为方便合同管理和计价，需要纳入工程量清单项目综合单价中的暂估价最好只是材料费，以方便投标人组价。对专业工程暂估价一般应是综合暂估价，包括除规费、税金以外的管理费、利润等。

③计日工。计日工是为了解决现场发生的零星工作的计价而设立的。国际上常见的标准合同条款中，大多数都设立了计日工计价机制。计日工对完成零星工作所消耗的人工工时、材料数量、施工机械台班进行计量，并按照计日工表中填报的适用项目的单价进行计价支付。计日工适用的所谓零星工作一般是指合同约定之外或者因变更而产生的、工程量清单中没有相应项目的额外工作，尤其是那些时间不允许事先商定价格的额外工作。

④总承包服务费。总承包服务费是为了解决招标人在法律、法规允许的条件下进行专业工程发包以及自行供应材料、工程设备，并需要总承包人对发包的专业工程提供协调和配合服务，对甲供材料、工程设备提供收、发和保管服务以及进行施工现场管理时发生并向总承包人支付的费用。招标人应预计该项费用，并按投标人的投标报价向投标人支付该项费用。

2）暂列金额应根据工程特点按有关计价规定估算。

为保证工程施工建设的顺利实施，应针对施工过程中可能出现的各种不确定因素对工程造价的影响，在招标控制价中估算一笔暂列金额。暂列金额可根据工程的复杂程度、设计深度、工程环境条件（包括地质、水文、气候条件等）进行估算，一般可按分部分项工程费和措施项目费的10%～15%为参考。

3）暂估价中的材料、工程设备暂估价应根据工程造价信息或参照市场价格估算，列出明细表；专业工程暂估价应分不同专业，按有关计价规定估算，列出明细表。

4）计日工应列出项目名称、计量单位和暂估数量。

5）综合承包服务费应列出服务项目及其内容等。

6）出现第1）条未列的项目，应根据工程实际情况补充。

3.1.5 规费项目

1）规费项目清单应按照下列内容列项：

①社会保障费：包括养老保险费、失业保险费、医疗保险费、工伤保险费、生育保险费。

②住房公积金。

③工程排污费。

2）出现第1）条未列的项目，应根据省级政府或省级有关部门的规定列项。

3.1.6 税金项目

1）税金项目清单应包括下列内容：

①营业税。

②城市维护建设税。

③教育费附加。

④地方教育附加。

2）出现第1）条未列的项目，应根据税务部门的规定列项。

3.2 工程量清单计价编制

3.2.1 一般规定

1. 计价方式

1）使用国有资金投资的建设工程发承包，必须采用工程量清单计价。

2）非国有资金投资的建设工程，宜采用工程量清单计价。

3）不采用工程量清单计价的建设工程，应执行《建设工程工程量清单计价规范》GB 50500—2013除工程量清单等专门性规定外的其他规定。

4）工程量清单应采用综合单价计价。

5）措施项目中的安全文明施工费必须按国家或省级、行业建设主管部门的规定计算，不得作为竞争性费用。

6）规费和税金必须按国家或省级、行业建设主管部门的规定计算，不得作为竞争性费用。

2. 发包人提供材料和工程设备

1）发包人提供的材料和工程设备（以下简称甲供材料）应在招标文件中按照《建设工程工程量清单计价规范》GB 50500—2013附录L.1的规定填写《发包人提供材料和工程设备一览表》，写明甲供材料的名称、规格、数量、单价、交货方式、交货地点等。

承包人投标时，甲供材料单价应计入相应项目的综合单价中，签约后，发包人应按合同约定扣除甲供材料款，不予支付。

2）承包人应根据合同工程进度计划的安排，向发包人提交甲供材料交货的日期计划，发包人应按计划提供。

3）发包人提供的甲供材料如规格、数量或质量不符合合同要求，或由于发包人原因发生交货日期延误、交货地点及交货方式变更等情况的，发包人应承担由此增加的费用和（或）工期延误，并应向承包人支付合理利润。

4）发承包双方对甲供材料的数量发生争议不能达成一致的，应按照相关工程的计价定额同类项目规定的材料消耗量计算。

5）若发包人要求承包人采购已在招标文件中确定为甲供材料的，材料价格应由发承包双方根据市场调查确定，并应另行签订补充协议。

3. 承包人提供材料和工程设备

1）除合同约定的发包人提供的甲供材料外，合同工程所需的材料和工程设备应由承包人提供，承包人提供的材料和工程设备均应由承包人负责采购、运输和保管。

2）承包人应按合同约定将采购材料和工程设备的供货人及品种、规格、数量和供货时间等提交发包人确认，并负责提供材料和工程设备的质量证明文件，满足合同约定的质量标准。

3）对承包人提供的材料和工程设备经检测不符合合同约定的质量标准，发包人应立即要求承包人更换，由此增加的费用和（或）工期延误应由承包人承担。对发包人要求检测承包人已具有合格证明的材料、工程设备，但经检测证明该项材料、工程设备符合合同约定的质量标准，发包人应承担由此增加的费用和（或）工期延误，并向承包人支付合理利润。

4. 计价风险

1）建设工程发承包。必须在招标文件、合同中明确计价中的风险内容及其范围。不得采用无限风险、所有风险或类似语句规定计价中的风险内容及范围。

2）由于下列因素出现，影响合同价款调整的，应由发包人承担：

①国家法律、法规、规章和政策发生变化。

②省级或行业建设主管部门发布的人工费调整，但承包人对人工费或人工单价的报价

高于发布的除外。

③由政府定价或政府指导价管理的原材料等价格进行了调整。

3）由于市场物价波动影响合同价款的，应由发承包双方合理分摊，按《建设工程工程量清单计价规范》GB 50500—2013 中附录 L.2 或 L.3 填写《承包人提供主要材料和工程设备一览表》作为合同附件；当合同中没有约定，发承包双方发生争议时，应按本节中“合同价款调整”第 8 条“物价变化”的规定调整合同价款。

4）由于承包人使用机械设备、施工技术以及组织管理水平等自身原因造成施工费用增加的，应由承包人全部承担。

5）当不可抗力发生，影响合同价款时，应按“3.2.6　合同价款调整”第 10 条“不可抗力”的规定执行。

3.2.2　招标控制价编制

1. 一般规定

1）国有资金投资的建设工程招标。招标人必须编制招标控制价。

我国对国有资金投资项目的投资控制实行的是投资概算审批制度，国有资金投资的工程原则上不能超过批准的投资概算。

国有资金投资的工程实行工程量清单招标，为了客观、合理地评审投标报价和避免哄抬标价，避免造成国有资产流失，招标人必须编制招标控制价，规定最高投标限价。

2）招标控制价应由具有编制能力的招标人或受其委托具有相应资质的工程造价咨询人编制和复核。

3）工程造价咨询人接受招标人委托编制招标控制价，不得再就同一工程接受投标人委托编制投标报价。

4）招标控制价应按照第 2 条“编制与复核”1）规定编制，不应上调或下浮。

5）当招标控制价超过批准的概算时，招标人应将其报原概算审批部门审核。

6）招标人应在发布招标文件时公布招标控制价，同时应将招标控制价及有关资料报送工程所在地或有该工程管辖权的行业管理部门工程造价管理机构备查。

招标控制价的作用决定了招标控制价不同于标底，无需保密。为体现招标的公平、公正性，防止招标人有意抬高或压低工程造价，招标人应在招标文件中如实公布招标控制价，同时，招标人应将招标控制价报工程所在地或有该工程管辖权的行业管理部门的工程造价管理机构备查。

2. 编制与复核

1）招标控制价应根据下列依据编制与复核：

①《建设工程工程量清单计价规范》GB 50500—2013。

②国家或省级、行业建设主管部门颁发的计价定额和计价办法。

③建设工程设计文件及相关资料。

④拟定的招标文件及招标工程量清单。

⑤与建设项目相关的标准、规范、技术资料。

⑥施工现场情况、工程特点及常规施工方案。

⑦工程造价管理机构发布的工程造价信息，当工程造价信息没有发布时，参照市场价。

⑧其他的相关资料。

2）综合单价中应包括招标文件中划分的应由投标人承担的风险范围及其费用。招标文件中没有明确的，如是工程造价咨询人编制，应提请招标人明确；如是招标人编制，应予明确。

3）分部分项工程和措施项目中的单价项目，应根据拟定的招标文件和招标工程量清单项目中的特征描述及有关要求确定综合单价计算。

4）措施项目中的总价项目应根据拟定的招标文件和常规施工方案按“3.2.1 一般规定”中第1条“计价方式”4)、5）的规定计价。

5）其他项目应按下列规定计价：

①暂列金额应按招标工程量清单中列出的金额填写。

②暂估价中的材料、工程设备单价应按招标工程量清单中列出的单价计入综合单价。

③暂估价中的专业工程金额应按招标工程量清单中列出的金额填写。

④计日工应按招标工程量清单中列出的项目根据工程特点和有关计价依据确定综合单价计算。

⑤总承包服务费应根据招标工程量清单列出的内容和要求估算。

6）规费和税金应按“3.2.1 一般规定”中第1条“计价方式”6）的规定计算。

3. 投诉与处理

1）投标人经复核认为招标人公布的招标控制价未按照《建设工程工程量清单计价规范》GB 50500—2013的规定进行编制的，应在招标控制价公布后5天内向招投标监督机构和工程造价管理机构投诉。

2）投诉人投诉时，应当提交由单位盖章和法定代表人或其委托人签名或盖章的书面投诉书，投诉书应包括下列内容：

①投诉人与被投诉人的名称、地址及有效联系方式。

②投诉的招标工程名称、具体事项及理由。

③投诉依据及相关证明材料。

④相关的请求及主张。

3）投诉人不得进行虚假、恶意投诉，阻碍投标活动的正常进行。

4）工程造价管理机构在接到投诉书后应在2个工作日内进行审查，对有下列情况之一的，不予受理：

①投诉人不是所投诉招标工程招标文件的收受人。

②投诉书提交的时间不符合上述1）规定的。

③投诉书不符合上述2）条规定的。

④投诉事项已进入行政复议或行政诉讼程序的。

5）工程造价管理机构应在不迟于结束审查的次日将是否受理投诉的决定书面通知投诉人、被投诉人以及负责该工程招投标监督的招投标管理机构。

6）工程造价管理机构受理投诉后，应立即对招标控制价进行复查，组织投诉人、被投诉人或其委托的招标控制价编制人等单位人员对投诉问题逐一核对。有关当事人应当予以配合，并应保证所提供资料的真实性。

7）工程造价管理机构应当在受理投诉的10天内完成复查，特殊情况下可适当延长，并做出书面结论通知投诉人、被投诉人及负责该工程招投标监督的招投标管理机构。

8）当招标控制价复查结论与原公布的招标控制价误差大于±3%时，应当责成招标人改正。

9）招标人根据招标控制价复查结论需要重新公布招标控制价的，其最终公布的时间至招标文件要求提交投标文件截止时间不足15天的，应相应延长投标文件的截止时间。

3.2.3 投标报价编制

1. 一般规定

1）投标价应由投标人或受其委托具有相应资质的工程造价咨询人编制。

2）投标人应依据《建设工程工程量清单计价规范》GB 50500—2013的规定自主确定投标报价。

3）投标报价不得低于工程成本。

4）投标人必须按招标工程量清单填报价格。项目编码、项目名称、项目特征、计量单位、工程量必须与招标工程量清单一致。

5）投标人的投标报价高于招标控制价的应予废标。

2. 编制与复核

1）投标报价应根据下列依据编制和复核：

①《建设工程工程量清单计价规范》GB 50500—2013。

②国家或省级、行业建设主管部门颁发的计价办法。

③企业定额，国家或省级、行业建设主管部门颁发的计价定额和计价办法。

④招标文件、招标工程量清单及其补充通知、答疑纪要。

⑤建设工程设计文件及相关资料。

⑥施工现场情况、工程特点及投标时拟定的施工组织设计或施工方案。

⑦与建设项目相关的标准、规范等技术资料。

⑧市场价格信息或工程造价管理机构发布的工程造价信息。

⑨其他的相关资料。

2）综合单价中应包括招标文件中划分的应由投标人承担的风险范围及其费用，招标文件中没有明确的，应提请招标人明确。

3）分部分项工程和措施项目中的单价项目，应根据招标文件和招标工程量清单项目中的特征描述确定综合单价计算。

4）措施项目中的总价项目金额应根据招标文件和投标时拟定的施工组织设计或施工方案按“3.2.1 一般规定”中第1条“计价方式”4）的规定自主确定。其中安全文明施工费应按照“3.2.1 一般规定”中第1条“计价方式”5）的规定确定。

5）其他项目费应按下列规定报价：

①暂列金额应按招标工程量清单中列出的金额填写。

②材料、工程设备暂估价应按招标工程量清单中列出的单价计入综合单价。

③专业工程暂估价应按招标工程量清单中列出的金额填写。

④计日工应按招标工程量清单中列出的项目和数量，自主确定综合单价并计算计日工金额。

⑤总承包服务费应根据招标工程量清单中列出的内容和提出的要求自主确定。

6）规费和税金应按“3.2.1 一般规定”中第1条“计价方式”6）的规定确定。

7）招标工程量清单与计价表中列明的所有需要填写单价和合价的项目，投标人均应填写且只允许有一个报价。未填写单价和合价的项目，可视为此项费用已包含在已标价工程量清单中其他项目的单价和合价之中。当竣工结算时，此项目不得重新组价予以调整。

8）投标总价应当与分部分项工程费、措施项目费、其他项目费和规费、税金的合计金额一致。

3.2.4 合同价款约定

1. 一般规定

1）实行招标的工程合同价款应在中标通知书发出之日起30天内，由发承包双方依据招标文件和中标人的投标文件在书面合同中约定。

合同约定不得违背招标、投标文件中关于工期、造价、质量等方面的实质性内容。招标文件与中标人投标文件不一致的地方，应以投标文件为准。

2）不实行招标的工程合同价款，应在发承包双方认可的工程价款基础上，由发承包双方在合同中约定。

3）实行工程量清单计价的工程，应采用单价合同；建设规模较小，技术难度较低，工期较短，且施工图设计已审查批准的建设工程可采用总价合同；紧急抢险、救灾以及施工技术特别复杂的建设工程可采用成本加酬金合同。

2. 约定内容

1）发承包双方应在合同条款中对下列事项进行约定：

①预付工程款的数额、支付时间及抵扣方式。

②安全文明施工措施的支付计划、使用要求等。

③工程计量与支付工程进度款的方式、数额及时间。

④工程价款的调整因素、方法、程序、支付及时间。

⑤施工索赔与现场签证的程序、金额确认与支付时间。

⑥承担计价风险的内容、范围以及超出约定内容、范围的调整办法。

⑦工程竣工价款结算编制与核对、支付及时间。

⑧工程质量保证金的数额、预留方式及时间。

⑨违约责任以及发生合同价款争议的解决方法及时间。

⑩与履行合同、支付价款有关的其他事项等。

2）合同中没有按照上述1）的要求约定或约定不明的，若发承包双方在合同履行中发生争议由双方协商确定；当协商不能达成一致时，应按《建设工程工程量清单计价规范》GB 50500—2013的规定执行。

3.2.5 工程计量

1. 工程计量依据

工程量计算除依据《市政工程工程量计算规范》GB 50857—2013各项规定外，尚应依据以下文件：

1）经审定通过的施工设计图纸及其说明。

2）经审定通过的施工组织设计或施工方案。

3）经审定通过的其他有关技术经济文件。

2. 工程实施中的计量

（1）一般规定

1）工程量必须按照相关工程现行国家计量规范规定的工程量计算规则计算。

2）工程计量可选择按月或按工程形象进度分段计量，具体计量周期应在合同中约定。

3）因承包人原因造成的超出合同工程范围施工或返工的工程量，发包人不予计量。

4）成本加酬金合同应按下述“（2）单价合同的计量”的规定计量。

（2）单价合同的计量

1）工程量必须以承包人完成合同工程应予计量的工程量确定。

2）施工中进行工程计量，当发现招标工程量清单中出现缺项、工程量偏差，或因工程变更引起工程量增减时，应按承包人在履行合同义务中完成的工程量计算。

3）承包人应当按照合同约定的计量周期和时间向发包人提交当期已完工程量报告。发包人应在收到报告后7天内核实，并将核实计量结果通知承包人。发包人未在约定时间内进行核实的，承包人提交的计量报告中所列的工程量应视为承包人实际完成的工程量。

4）发包人认为需要进行现场计量核实时，应在计量前24小时通知承包人，承包人应为计量提供便利条件并派人参加。当双方均同意核实结果时，双方应在上述记录上签字确认。承包人收到通知后不派人参加计量，视为认可发包人的计量核实结果。发包人不按照约定时间通知承包人，致使承包人未能派人参加计量，计量核实结果无效。

5）当承包人认为发包人核实后的计量结果有误时，应在收到计量结果通知后的7天内向发包人提出书面意见，并应附上其认为正确的计量结果和详细的计算资料。发包人收到书面意见后，应在7天内对承包人的计量结果进行复核后通知承包人。承包人对复核计量结果仍有异议的，按照合同约定的争议解决办法处理。

6）承包人完成已标价工程量清单中每个项目的工程量并经发包人核实无误后，发承包双方应对每个项目的历次计量报表进行汇总，以核实最终结算工程量，并应在汇总表上签字确认。

（3）总价合同的计量

1）采用工程量清单方式招标形成的总价合同，其工程量应按照上述“（2）单价合同的计量”的规定计算。

2）采用经审定批准的施工图纸及其预算方式发包形成的总价合同，除按照工程变更规定的工程量增减外，总价合同各项目的工程量应为承包人用于结算的最终工程量。

3）总价合同约定的项目计量应以合同工程经审定批准的施工图纸为依据，发承包双方应在合同中约定工程计量的形象目标或时间节点进行计量。

4）承包人应在合同约定的每个计量周期内对已完成的工程进行计量，并向发包人提交达到工程形象目标完成的工程量和有关计量资料的报告。

5）发包人应在收到报告后7天内对承包人提交的上述资料进行复核，以确定实际完成的工程量和工程形象目标。对其有异议的，应通知承包人进行共同复核。

3. 工程计量与单位要求

1）有两个或两个以上计量单位的，应结合拟建工程项目的实际情况，确定其中一个为计量单位。同一工程项目的计量单位应一致。

2）工程计量时每一项目汇总的有效位数应遵守下列规定：

①以“t”为单位，应保留小数点后三位数字，第四位小数四舍五入。

②以“m”、“m^2”、“m^3”、“kg”为单位，应保留小数点后两位数字，第三位小数四舍五入。

③以“个”、“件”、“根”、“组”、“系统”为单位，应取整数。

4. 工程计量项目要求

1）工程量清单项目仅列出了主要工作内容，除另有规定和说明外，应视为已经包括完成该项目所列或未列的全部工作内容。

2）市政工程涉及房屋建筑和装饰装修工程的项目，按照现行国家标准《房屋建筑与装饰工程工程量计算规范》GB 50854—2013 的相应项目执行；涉及电气、给水排水、消防等安装工程的项目，按照现行国家标准《通用安装工程工程量计算规范》GB 50856—2013 的相应项目执行；涉及园林绿化工程的项目，按照现行国家标准《园林绿化工程工程量计算规范》GB 50858—2013 的相应项目执行；采用爆破法施工的石方工程按照现行国家标准《爆破工程工程量计算规范》GB 50862—2013 的相应项目执行。具体划分界限确定如下：

①市政管网工程与现行国家标准《通用安装工程工程量计算规范》GB 50856—2013 中工业管道工程的界定：给水管道以厂区入口水表井为界；排水管道以厂区围墙外第一个污水井为界；热力和燃气管道以厂区入口第一个计量表（阀门）为界。

②市政管网工程与现行国家标准《通用安装工程工程量计算规范》GB 50856—2013 中给水排水、采暖、燃气工程的界定：室外给水排水、采暖、燃气管道以与市政管道碰头井为界；厂区、住宅小区的庭院喷灌及喷泉水设备安装按现行国家标准《通用安装工程工程量计算规范》GB 50856—2013 中的相应项目执行；市政庭院喷灌及喷泉水设备安装按《市政工程工程量计算规范》GB 50857—2013 的相应项目执行。

③市政水处理工程、生活垃圾处理工程与现行国家标准《通用安装工程工程量计算规范》GB 50856—2013 中设备安装工程的界定：《市政工程工程量计算规范》GB 50857—2013 只列了水处理工程和生活垃圾处理工程专用设备的项目，各类仪表、泵、阀门等标准、定型设备应按现行国家标准《通用安装工程工程量计算规范》GB 50856—2013 中相应项目执行。

④市政路灯工程与现行国家标准《通用安装工程工程量计算规范》GB 50856—2013 中电气设备安装工程的界定：市政道路路灯安装工程、市政庭院艺术喷泉等电气安装工程的项目，按《市政工程工程量计算规范》GB 50857—2013 路灯工程的相应项目执行；厂区、住宅小区的道路路灯安装工程、庭院艺术喷泉等电气设备安装工程按现行国家标准《通用安装工程工程量计算规范》GB 50856—2013 附录 D“电气设备安装工程”的相应项目执行。

3）由水源地取水点至厂区或市、镇第一个储水点之间距离 10km 以上的输水管道，按“管网工程”相应项目执行。

3.2.6　合同价款的调整

1. 一般规定

1）下列事项（但不限于）发生，发承包双方应当按照合同约定调整合同价款：法律法规变化；工程变更；项目特征不符；工程量清单缺项；工程量偏差；计日工；物价变化；暂估价；不可抗力；提前竣工（赶工补偿）；误期赔偿；索赔；现场签证；暂列金额；发承包双方约定的其他调整事项。

2）出现合同价款调增事项（不含工程量偏差、计日工、现场签证、索赔）后的14天内，承包人应向发包人提交合同价款调增报告并附上相关资料；承包人在14天内未提交合同价款调增报告的，应视为承包人对该事项不存在调整价款请求。

3）出现合同价款调减事项（不含工程量偏差、索赔）后的14天内，发包人应向承包人提交合同价款调减报告并附相关资料；发包人在14天内未提交合同价款调减报告的，应视为发包人对该事项不存在调整价款请求。

4）发（承）包人应在收到承（发）包人合同价款调增（减）报告及相关资料之日起14天内对其核实，予以确认的应书面通知承（发）包人。当有疑问时，应向承（发）包人提出协商意见。发（承）包人在收到合同价款调增（减）报告之日起14天内未确认也未提出协商意见的，应视为承（发）包人提交的合同价款调增（减）报告已被发（承）包人认可。发（承）包人提出协商意见的，承（发）包人应在收到协商意见后的14天内对其核实，予以确认的应书面通知发（承）包人。承（发）包人在收到发（承）包人的协商意见后14天内既不确认也未提出不同意见的，应视为发（承）包人提出的意见已被承（发）包人认可。

5）发包人与承包人对合同价款调整的不同意见不能达成一致的，只要对发承包双方履约不产生实质影响，双方应继续履行合同义务，直到其按照合同约定的争议解决方式得到处理。

6）经发承包双方确认调整的合同价款，作为追加（减）合同价款，应与工程进度款或结算款同期支付。

2. 法律法规变化

1）招标工程以投标截止日前28天、非招标工程以合同签订前28天为基准日，其后因国家的法律、法规、规章和政策发生变化引起工程造价增减变化的，发承包双方应按照省级或行业建设主管部门或其授权的工程造价管理机构据此发布的规定调整合同价款。

2）因承包人原因导致工期延误的，按1）规定的调整时间，在合同工程原定竣工时间之后，合同价款调增的不予调整，合同价款调减的予以调整。

3. 工程变更

1）因工程变更引起已标价工程量清单项目或其工程数量发生变化时，应按照下列规定调整：

①已标价工程量清单中有适用于变更工程项目的，应采用该项目的单价；但当工程变更导致该清单项目的工程数量发生变化，且工程量偏差超过15%时，该项目单价应按照“3.2.6 合同价款调整”第6条“工程量偏差”的规定调整。

②已标价工程量清单中没有适用但有类似于变更工程项目的，可在合理范围内参照类

似项目的单价。

③已标价工程量清单中没有适用也没有类似于变更工程项目的，应由承包人根据变更工程资料、计量规则和计价办法、工程造价管理机构发布的信息价格和承包人报价浮动率提出变更工程项目的单价，并应报发包人确认后调整。承包人报价浮动率可按下列公式计算：

招标工程：承包人报价浮动率 L＝（1－中标价/招标控制价）×100%　(3-1)

非招标工程：承包人报价浮动率 L＝（1－报价/施工图预算）×100%　(3-2)

④已标价工程量清单中没有适用也没有类似于变更工程项目，且工程造价管理机构发布的信息价格缺价的，应由承包人根据变更工程资料、计量规则、计价办法和通过市场调查等取得有合法依据的市场价格提出变更工程项目的单价，并应报发包人确认后调整。

2）工程变更引起施工方案改变并使措施项目发生变化时，承包人提出调整措施项目费的，应事先将拟实施的方案提交发包人确认，并应详细说明与原方案措施项目相比的变化情况。拟实施的方案经发承包双方确认后执行，并应按照下列规定调整措施项目费：

①安全文明施工费应按照实际发生变化的措施项目依据“3.2.1　一般规定”中第1条“计价方式”5）的规定计算。

②采用单价计算的措施项目费，应按照实际发生变化的措施项目，按1）的规定确定单价。

③按总价（或系数）计算的措施项目费，按照实际发生变化的措施项目调整，但应考虑承包人报价浮动因素，即调整金额按照实际调整金额乘以1）规定的承包人报价浮动率计算。

如果承包人未事先将拟实施的方案提交给发包人确认，则应视为工程变更不引起措施项目费的调整或承包人放弃调整措施项目费的权利。

3）当发包人提出的工程变更因非承包人原因删减了合同中的某项原定工作或工程，致使承包人发生的费用或（和）得到的收益不能被包括在其他已支付或应支付的项目中，也未被包含在任何替代的工作或工程中时，承包人有权提出并应得到合理的费用及利润补偿。

4. 项目特征描述不符

1）发包人在招标工程量清单中对项目特征的描述，应被认为是准确的和全面的，并且与实际施工要求相符合。承包人应按照发包人提供的招标工程量清单，根据项目特征描述的内容及有关要求实施合同工程，直到项目被改变为止。

2）承包人应按照发包人提供的设计图纸实施合同工程，若在合同履行期间出现设计图纸（含设计变更）与招标工程量清单任一项目的特征描述不符，且该变化引起该项目工程造价增减变化的，应按照实际施工的项目特征，按本节“合同价款调整”中第3条“工程变更”的相关条款的规定重新确定相应工程量清单项目的综合单价，并调整合同价款。

5. 工程量清单缺项

1）合同履行期间，由于招标工程量清单中缺项，新增分部分项工程清单项目的，应按照本节“合同价款调整”中第3条“工程变更”1）的规定确定单价，并调整合同价款。

2）新增分部分项工程清单项目后，引起措施项目发生变化的，应按照本节“合同价款调整”中第3条“工程变更”2）的规定，在承包人提交的实施方案被发包人批准后调整合同价款。

3）由于招标工程量清单中措施项目缺项，承包人应将新增措施项目实施方案提交发包人批准后，按照本节“合同价款调整”中第3条“工程变更”1）、2）的规定调整合同价款。

6. 工程量偏差

1）合同履行期间，当应予计算的实际工程量与招标工程量清单出现偏差，且符合2）、3）规定时，发承包双方应调整合同价款。

2）对于任一招标工程量清单项目，当因工程量偏差规定的“程量偏差”和“工程变更”规定的工程变更等原因导致工程量偏差超过15%时，可进行调整。当工程量增加15%以上时，增加部分的工程量的综合单价应予调低；当工程量减少15%以上时，减少后剩余部分的工程量的综合单价应予调高。

上述调整参考如下公式：

①当$Q_1>1.15Q_0$时：

$$S=1.15Q_0\times P_0+(Q_1\sim1.15Q_0)\times P_1 \tag{3-3}$$

②当$Q_1<0.85Q_0$时：

$$S=Q_1\times P_1 \tag{3-4}$$

式中 S——调整后的某一分部分项工程费结算价；

Q_1——最终完成的工程量；

Q_0——招标工程量清单中列出的工程量；

P_1——按照最终完成工程量重新调整后的综合单价；

P_0——承包人在工程量清单中填报的综合单价。

采用上述两式的关键是确定新的综合单价，即P_1。确定的方法，一是发承包双方协商确定，二是与招标控制价相联系，当工程量偏差项目出现承包人在工程量清单中填报的综合单价与发包人招标控制价相应清单项目的综合单价偏差超过15%时，工程量偏差项目综合单价的调整可参考以下公式：

③当$P_0<P_2\times(1-L)\times(1-15\%)$时，该类项目的综合单价：

$$P_1\text{按照}P_2\times(1-L)\times(1-15\%)\text{调整} \tag{3-5}$$

④当$P_0>P_2\times(1+15\%)$时，该类项目的综合单价：

$$P_1\text{按照}P_2\times(1+15\%)\text{调整} \tag{3-6}$$

式中 P_0——承包人在工程量清单中填报的综合单价；

P_2——发包人招标控制价相应项目的综合单价；

L——承包人报价浮动率。

⑤当$P_0>P_2\times(1-L)\times(1-15\%)$或$P_0<P_2\times(1+15\%)$时，可不调整。

3）当工程量出现2）的变化，且该变化引起相关措施项目相应发生变化时，按系数或单一总价方式计价的，工程量增加的措施项目费调增，工程量减少的措施项目费调减。

7. 计日工

1）发包人通知承包人以计日工方式实施的零星工作，承包人应予执行。

2）采用计日工计价的任何一项变更工作，在该项变更的实施过程中，承包人应按合同约定提交下列报表和有关凭证送发包人复核：

①工作名称、内容和数量。

②投入该工作所有人员的姓名、工种、级别和耗用工时。

③投入该工作的材料名称、类别和数量。

④投入该工作的施工设备型号、台数和耗用台时。

⑤发包人要求提交的其他资料和凭证。

3）任一计日工项目持续进行时，承包人应在该项工作实施结束后的24h内向发包人提交有计日工记录汇总的现场签证报告一式三份。发包人在收到承包人提交现场签证报告后的2天内予以确认并将其中一份返还给承包人，作为计日工计价和支付的依据。发包人逾期未确认也未提出修改意见的，应视为承包人提交的现场签证报告已被发包人认可。

4）任一计日工项目实施结束后，承包人应按照确认的计日工现场签证报告核实该类项目的工程数量，并应根据核实的工程数量和承包人已标价工程量清单中的计日工单价计算，提出应付价款；已标价工程量清单中没有该类计日工单价的，由发承包双方按本节“合同价款调整”第3条“工程变更”的规定商定计日工单价计算。

5）每个支付期末，承包人应按照“进度款”的规定向发包人提交本期间所有计日工记录的签证汇总表，并应说明本期间自己认为有权得到的计日工金额，调整合同价款，列入进度款支付。

8. 物价变化

（1）物价变化合同价款调整方法

合同履行期间，因人工、材料、工程设备、机械台班价格波动影响合同价款时，应根据合同约定，按物价变化合同价款调整方法调整合同价款。物价变化合同价款调整方法主要有以下两种：

1）价格指数调整价格差额。

①价格调整公式。因人工、材料和工程设备、施工机械台班等价格波动影响合同价格时，根据招标人提供的“承包人提供主要材料和工程设备一览表（适用于价格指数差额调整法）”，并由投标人在投标函附录中的价格指数和权重表约定的数据，应按下式计算差额并调整合同价款：

$$\Delta P=P_0\left[A+\left(B_1\times\frac{F_{t1}}{F_{01}}+B_2\times\frac{F_{t2}}{F_{02}}+B_3\times\frac{F_{t3}}{F_{03}}+\cdots+B_n\times\frac{F_{tn}}{F_{0n}}-1\right)\right] \tag{3-7}$$

式中　ΔP——需调整的价格差额；

P_0——约定的付款证书中承包人应得到的已完成工程量的金额。此项金额应不包括价格调整、不计质量保证金的扣留和支付、预付款的支付和扣回。约定的变更及其他金额已按现行价格计价的，也不计在内；

A——定值权重（即不调部分的权重）；

B_1、B_2、$B_3\cdots B_n$——各可调因子的变值权重（即可调部分的权重），为各可调因子在投标函投标总报价中所占的比例；

F_{t1}、F_{t2}、$F_{t3}\cdots F_{tn}$——各可调因子的现行价格指数，指约定的付款证书相关周期最后一天的前42天的各可调因子的价格指数；

F_{01}、F_{02}、$F_{03}\cdots F_{0n}$——各可调因子的基本价格指数，指基准日期的各可调因子的价格指数。

以上价格调整公式中的各可调因子、定值和变值权重，以及基本价格指数及其来源在投标函附录价格指数和权重表中约定。价格指数应首先采用工程造价管理机构提供的价格指数，缺乏上述价格指数时，可采用工程造价管理机构提供的价格代替。

②暂时确定调整差额。在计算调整差额时得不到现行价格指数的，可暂用上一次价格指数计算，并在以后的付款中再按实际价格指数进行调整。

③权重的调整。约定的变更导致原定合同中的权重不合理时，由承包人和发包人协商后进行调整。

④承包人工期延误后的价格调整。由于承包人原因未在约定的工期内竣工的，对原约定竣工日期后继续施工的工程，在使用第①条的价格调整公式时，应采用原约定竣工日期与实际竣工日期的两个价格指数中较低的一个作为现行价格指数。

⑤若可调因子包括了人工在内，则不适用“3.2.1 一般规定”第 4 条“计价风险”2）中②的规定。

2）造价信息调整价格差额。

①施工期内，因人工、材料和工程设备、施工机械台班价格波动影响合同价格时，人工、机械使用费按照国家或省、自治区、直辖市建设行政管理部门、行业建设管理部门或其授权的工程造价管理机构发布的人工成本信息、机械台班单价或机械使用费系数进行调整；需要进行价格调整的材料，其单价和采购数应由发包人复核，发包人确认需调整的材料单价及数量，作为调整合同价款差额的依据。

②人工单价发生变化且符合本节“一般规定”第 4 条“计价风险”②的规定的条件时，发承包双方应按省级或行业建设主管部门或其授权的工程造价管理机构发布的人工成本文件调整合同价款。

③材料、工程设备价格变化按照发包人提供的《承包人提供主要材料和工程设备一览表（适用于造价信息差额调整法）》，由发承包双方约定的风险范围按下列规定调整合同价款：

a. 承包人投标报价中材料单价低于基准单价：施工期间材料单价涨幅以基准单价为基础超过合同约定的风险幅度值，或材料单价跌幅以投标报价为基础超过合同约定的风险幅度值时，其超过部分按实调整。

b. 承包人投标报价中材料单价高于基准单价：施工期间材料单价跌幅以基准单价为基础超过合同约定的风险幅度值，或材料单价涨幅以投标报价为基础超过合同约定的风险幅度值时，其超过部分按实调整。

c. 承包人投标报价中材料单价等于基准单价：施工期间材料单价涨、跌幅以基准单价为基础超过合同约定的风险幅度值时，其超过部分按实调整。

d. 承包人应在采购材料前将采购数量和新的材料单价报送发包人核对，确认用于本合同工程时，发包人应确认采购材料的数量和单价。发包人在收到承包人报送的确认资料后 3 个工作日不予答复的视为已经认可，作为调整合同价款的依据。如果承包人未报经发包人核对即自行采购材料，再报发包人确认调整合同价款的，如发包人不同意，则不作调整。

④施工机械台班单价或施工机械使用费发生变化超过省级或行业建设主管部门或其授权的工程造价管理机构规定的范围时，按其规定调整合同价款。

(2) 合同价款调整的其他要求

1）承包人采购材料和工程设备的，应在合同中约定主要材料、工程设备价格变化的范围或幅度；当没有约定，且材料、工程设备单价变化超过5%时，超过部分的价格应按照以上两种物价变化合同价款调整方法计算调整材料、工程设备费。

2）发生合同工程工期延误的，应按照下列规定确定合同履行期的价格调整：

①因非承包人原因导致工期延误的，计划进度日期后续工程的价格，应采用计划进度日期与实际进度日期两者的较高者。

②因承包人原因导致工期延误的，计划进度日期后续工程的价格，应采用计划进度日期与实际进度日期两者的较低者。

3）发包人供应材料和工程设备的，不适用1）、2）规定，应由发包人按照实际变化调整，列入合同工程的工程造价内。

9. 暂估价

1）发包人在招标工程量清单中给定暂估价的材料、工程设备属于依法必须招标的，应由发承包双方以招标的方式选择供应商，确定价格，并应以此为依据取代暂估价，调整合同价款。

2）发包人在招标工程量清单中给定暂估价的材料、工程设备不属于依法必须招标的，应由承包人按照合同约定采购，经发包人确认单价后取代暂估价，调整合同价款。

3）发包人在工程量清单中给定暂估价的专业工程不属于依法必须招标的，应按照本节“合同价款调整”第3条“工程变更”的相应条款的规定确定专业工程价款，并应以此为依据取代专业工程暂估价，调整合同价款。

4）发包人在招标工程量清单中给定暂估价的专业工程，依法必须招标的，应当由发承包双方依法组织招标选择专业分包人，并接受有管辖权的建设工程招标投标管理机构的监督，还应符合下列要求：

①除合同另有约定外，承包人不参加投标的专业工程发包招标，应由承包人作为招标人，但拟定的招标文件、评标工作、评标结果应报送发包人批准。与组织招标工作有关的费用应当被认为已经包括在承包人的签约合同价（投标总报价）中。

②承包人参加投标的专业工程发包招标，应由发包人作为招标人，与组织招标工作有关的费用由发包人承担。同等条件下，应优先选择承包人中标。

③应以专业工程发包中标价为依据取代专业工程暂估价，调整合同价款。

10. 不可抗力

1）因不可抗力事件导致的人员伤亡、财产损失及其费用增加，发承包双方应按下列原则分别承担并调整合同价款和工期：

①合同工程本身的损害、因工程损害导致第三方人员伤亡和财产损失以及运至施工场地用于施工的材料和待安装的设备的损害，应由发包人承担。

②发包人、承包人人员伤亡应由其所在单位负责，并应承担相应费用。

③承包人的施工机械设备损坏及停工损失，应由承包人承担。

④停工期间，承包人应发包人要求留在施工场地的必要的管理人员及保卫人员的费用应由发包人承担。

⑤工程所需清理、修复费用，应由发包人承担。

2）不可抗力解除后复工的，若不能按期竣工，应合理延长工期。发包人要求赶工的，赶工费用由发包人承担。

3）因不可抗力解除合同的，应按“3.2.9 合同解除的价款结算与支付”第2）的规定办理。

11. 提前竣工（赶工补偿）

1）招标人应依据相关工程的工期定额合理计算工期，压缩的工期天数不得超过定额工期的20%，超过者，应在招标文件中明示增加赶工费用。

2）发包人要求合同工程提前竣工的，应征得承包人同意后与承包人商定采取加快工程进度的措施，并应修订合同工程进度计划。发包人应承担承包人由此增加的提前竣工（赶工补偿）费用。

3）发承包双方应在合同中约定提前竣工每日历天应补偿额度，此项费用应作为增加合同价款列入竣工结算文件中，应与结算款一并支付。

12. 误期赔偿

1）承包人未按照合同约定施工，导致实际进度迟于计划进度的，承包人应加快进度，实现合同工期。

合同工程发生误期，承包人应赔偿发包人由此造成的损失，并应按照合同约定向发包人支付误期赔偿费。即使承包人支付误期赔偿费，也不能免除承包人按照合同约定应承担的任何责任和应履行的任何义务。

2）发承包双方应在合同中约定误期赔偿费，并应明确每日历天应赔额度。误期赔偿费应列入竣工结算文件中，并应在结算款中扣除。

3）在工程竣工之前，合同工程内的某单项（位）工程已通过了竣工验收，且该单项（位）工程接收证书中表明的竣工日期并未延误，而是合同工程的其他部分产生了工期延误时，误期赔偿费应按照已颁发工程接收证书的单项（位）工程造价占合同价款的比例幅度予以扣减。

13. 索赔

1）当合同一方向另一方提出索赔时，应有正当的索赔理由和有效证据，并应符合合同的相关约定。

2）根据合同约定，承包人认为非承包人原因发生的事件造成了承包人的损失，应按下列程序向发包人提出索赔：

①承包人应在知道或应当知道索赔事件发生后28天内，向发包人提交索赔意向通知书，说明发生索赔事件的事由。承包人逾期未发出索赔意向通知书的，丧失索赔的权利。

②承包人应在发出索赔意向通知书后28天内，向发包人正式提交索赔通知书。索赔通知书应详细说明索赔理由和要求，并应附必要的记录和证明材料。

③索赔事件具有连续影响的，承包人应继续提交延续索赔通知，说明连续影响的实际情况和记录。

④在索赔事件影响结束后的28天内，承包人应向发包人提交最终索赔通知书，说明最终索赔要求，并应附必要的记录和证明材料。

3）承包人索赔应按下列程序处理：

①发包人收到承包人的索赔通知书后，应及时查验承包人的记录和证明材料。

②发包人应在收到索赔通知书或有关索赔的进一步证明材料后的28天内，将索赔处理结果答复承包人，如果发包人逾期未做出答复，视为承包人索赔要求已被发包人认可。

③承包人接受索赔处理结果的，索赔款项应作为增加合同价款，在当期进度款中进行支付；承包人不接受索赔处理结果的，应按合同约定的争议解决方式办理。

4）承包人要求赔偿时，可以选择下列一项或几项方式获得赔偿：

①延长工期。

②要求发包人支付实际发生的额外费用。

③要求发包人支付合理的预期利润。

④要求发包人按合同的约定支付违约金。

5）当承包人的费用索赔与工期索赔要求相关联时，发包人在做出费用索赔的批准决定时，应结合工程延期，综合做出费用赔偿和工程延期的决定。

6）发承包双方在按合同约定办理了竣工结算后，应被认为承包人已无权再提出竣工结算前所发生的任何索赔。承包人在提交的最终结清申请中，只限于提出竣工结算后的索赔，提出索赔的期限应自发承包双方最终结清时终止。

7）根据合同约定，发包人认为由于承包人的原因造成发包人的损失，宜按承包人索赔的程序进行索赔。

8）发包人要求赔偿时，可以选择下列一项或几项方式获得赔偿：

①延长质量缺陷修复期限。

②要求承包人支付实际发生的额外费用。

③要求承包人按合同的约定支付违约金。

9）承包人应付给发包人的索赔金额可从拟支付给承包人的合同价款中扣除，或由承包人以其他方式支付给发包人。

14. 现场签证

1）承包人应发包人要求完成合同以外的零星项目、非承包人责任事件等工作的，发包人应及时以书面形式向承包人发出指令，并应提供所需的相关资料；承包人在收到指令后，应及时向发包人提出现场签证要求。

2）承包人应在收到发包人指令后的7天内向发包人提交现场签证报告，发包人应在收到现场签证报告后的48h内对报告内容进行核实，予以确认或提出修改意见。发包人在收到承包人现场签证报告后的48h内未确认也未提出修改意见的，应视为承包人提交的现场签证报告已被发包人认可。

3）现场签证的工作如已有相应的计日工单价，现场签证中应列明完成该类项目所需的人工、材料、工程设备和施工机械台班的数量。

如现场签证的工作没有相应的计日工单价，应在现场签证报告中列明完成该签证工作所需的人工、材料设备和施工机械台班的数量及单价。

4）合同工程发生现场签证事项，未经发包人签证确认，承包人便擅自施工的，除非征得发包人书面同意，否则发生的费用应由承包人承担。

5）现场签证工作完成后的7天内，承包人应按照现场签证内容计算价款，报送发包人确认后，作为增加合同价款，与进度款同期支付。

6）在施工过程中，当发现合同工程内容因场地条件、地质水文、发包人要求等不一致时，承包人应提供所需的相关资料，并提交发包人签证认可，作为合同价款调整的依据。

15. 暂列金额

1）已签约合同价中的暂列金额应由发包人掌握使用。

2）发包人按照1～14条的规定支付后，暂列金额余额应归发包人所有。

3.2.7 合同价款期中支付

1. 预付款

1）承包人应将预付款专用于合同工程。

2）包工包料工程的预付款的支付比例不得低于签约合同价（扣除暂列金额）的10%，不宜高于签约合同价（扣除暂列金额）的30%。

3）承包人应在签订合同或向发包人提供与预付款等额的预付款保函后向发包人提交预付款支付申请。

4）发包人应在收到支付申请的7天内进行核实，向承包人发出预付款支付证书，并在签发支付证书后的7天内向承包人支付预付款。

5）发包人没有按合同约定按时支付预付款的，承包人可催告发包人支付；发包人在预付款期满后的7天内仍未支付的，承包人可在付款期满后的第8天起暂停施工。发包人应承担由此增加的费用和延误的工期，并应向承包人支付合理利润。

6）预付款应从每一个支付期应支付给承包人的工程进度款中扣回，直到扣回的金额达到合同约定的预付款金额为止。

7）承包人的预付款保函的担保金额根据预付款扣回的数额相应递减，但在预付款全部扣回之前一直保持有效。发包人应在预付款扣完后的14天内将预付款保函退还给承包人。

2. 安全文明施工费

1）安全文明施工费包括的内容和使用范围，应符合国家有关文件和计量规范的规定。

2）发包人应在工程开工后的28天内预付不低于当年施工进度计划的安全文明施工费总额的60%，其余部分应按照提前安排的原则进行分解，并应与进度款同期支付。

3）发包人没有按时支付安全文明施工费的，承包人可催告发包人支付；发包人在付款期满后的7天内仍未支付的，若发生安全事故，发包人应承担相应责任。

4）承包人对安全文明施工费应专款专用，在财务账目中应单独列项备查，不得挪作他用，否则发包人有权要求其限期改正；逾期未改正的，造成的损失和延误的工期应由承包人承担。

3. 进度款

1）发承包双方应按照合同约定的时间、程序和方法，根据工程计量结果，办理期中价款结算，支付进度款。

2）进度款支付周期应与合同约定的工程计量周期一致。

3）已标价工程量清单中的单价项目，承包人应按工程计量确认的工程量与综合单价计算；综合单价发生调整的，以发承包双方确认调整的综合单价计算进度款。

4）已标价工程量清单中的总价项目和按照“3.2.5 工程计量”第2条“工程实施中

的计量”中“(3) 总价合同的计量”的1）规定形成的总价合同，承包人应按合同中约定的进度款支付分解，分别列入进度款支付申请中的安全文明施工费和本周期应支付的总价项目的金额中。

5）发包人提供的甲供材料金额，应按照发包人签约提供的单价和数量从进度款支付中扣除，列入本周期应扣减的金额中。

6）承包人现场签证和得到发包人确认的索赔金额应列入本周期应增加金额中。

7）进度款的支付比例按照合同约定，按期中结算价款总额计，不低于60%，不高于90%。

8）承包人应在每个计量周期到期后的7天内向发包人提交已完工程进度款支付申请一式四份，详细说明此周期认为有权得到的款额，包括分包人已完工程的价款。支付申请应包括下列内容：

①累计已完成的合同价款。

②累计已实际支付的合同价款。

③本周期合计完成的合同价款。

a. 本周期已完成单价项目的金额。

b. 本周期应支付的总价项目的金额。

c. 本周期已完成的计日工价款。

d. 本周期应支付的安全文明施工费。

e. 本周期应增加的金额。

④本周期合计应扣减的金额。

a. 本周期应扣回的预付款。

b. 本周期应扣减的金额。

⑤本周期实际应支付的合同价款。

9）发包人应在收到承包人进度款支付申请后的14天内，根据计量结果和合同约定对申请内容予以核实，确认后向承包人出具进度款支付证书。若发承包双方对部分清单项目的计量结果出现争议，发包人应对无争议部分的工程计量结果向承包人出具进度款支付证书。

10）发包人应在签发进度款支付证书后的14天内，按照支付证书列明的金额向承包人支付进度款。

11）若发包人逾期未签发进度款支付证书，则视为承包人提交的进度款支付申请已被发包人认可，承包人可向发包人发出催告付款的通知。发包人应在收到通知后的14天内，按照承包人支付申请的金额向承包人支付进度款。

12）发包人未按照9）～11）的规定支付进度款的，承包人可催告发包人支付，并有权获得延迟支付的利息；发包人在付款期满后的7天内仍未支付的，承包人可在付款期满后的第8天起暂停施工。发包人应承担由此增加的费用和延误的工期，向承包人支付合理利润，并应承担违约责任。

13）发现已签发的任何支付证书有错、漏或重复的数额，发包人有权予以修正，承包人也有权提出修正申请。经发承包双方复核同意修正的，应在本次到期的进度款中支付或扣除。

3.2.8 竣工结算与支付

1. 一般规定

1）工程完工后，发承包双方必须在合同约定时间内办理工程竣工结算。

2）工程竣工结算应由承包人或受其委托具有相应资质的工程造价咨询人编制，并应由发包人或受其委托具有相应资质的工程造价咨询人核对。

3）当发承包双方或一方对工程造价咨询人出具的竣工结算文件有异议时，可向工程造价管理机构投诉，申请对其进行执业质量鉴定。

4）工程造价管理机构对投诉的竣工结算文件进行质量鉴定，宜按“工程造价鉴定”的相关规定进行。

5）竣工结算办理完毕，发包人应将竣工结算文件报送工程所在地或有该工程管辖权的行业管理部门的工程造价管理机构备案，竣工结算文件应作为工程竣工验收备案、交付使用的必备文件。

2. 编制与复核

1）工程竣工结算应根据下列依据编制和复核：

①《建设工程工程量清单计价规范》GB 50500—2013。

②工程合同。

③发承包双方实施过程中已确认的工程量及其结算的合同价款。

④发承包双方实施过程中已确认调整后追加（减）的合同价款。

⑤建设工程设计文件及相关资料。

⑥投标文件。

⑦其他依据。

2）分部分项工程和措施项目中的单价项目应依据发承包双方确认的工程量与已标价工程量清单的综合单价计算；发生调整的，应以发承包双方确认调整的综合单价计算。

3）措施项目中的总价项目应依据已标价工程量清单的项目和金额计算；发生调整的，应以发承包双方确认调整的金额计算，其中安全文明施工费应按“3.2.1 一般规定”第1条“计价方式”中5）的规定计算。

4）其他项目应按下列规定计价：

①计日工应按发包人实际签证确认的事项计算。

②暂估价应按“3.2.6 合同价款调整”第9条“暂估价”的规定计算。

③总承包服务费应依据已标价工程量清单金额计算；发生调整的，应以发承包双方确认调整的金额计算。

④索赔费用应依据发承包双方确认的索赔事项和金额计算。

⑤现场签证费用应依据发承包双方签证资料确认的金额计算。

⑥暂列金额应减去合同价款调整（包括索赔、现场签证）金额计算，如有余额归发包人。

5）规费和税金应按“3.2.1 一般规定”第1条“计价方式”中6）的规定计算。规费中的工程排污费应按工程所在地环境保护部门规定的标准缴纳后按实列入。

6）发承包双方在合同工程实施过程中已经确认的工程计量结果和合同价款，在竣工结算办理中应直接进入结算。

3. 竣工结算

1）合同工程完工后，承包人应在经发承包双方确认的合同工程期中价款结算的基础上汇总编制完成竣工结算文件，应在提交竣工验收申请的同时向发包人提交竣工结算文件。

承包人未在合同约定的时间内提交竣工结算文件，经发包人催告后14天内仍未提交或没有明确答复的，发包人有权根据已有资料编制竣工结算文件，作为办理竣工结算和支付结算款的依据，承包人应予以认可。

2）发包人应在收到承包人提交的竣工结算文件后的28天内核对。发包人经核实，认为承包人还应进一步补充资料和修改结算文件，应在上述时限内向承包人提出核实意见，承包人在收到核实意见后的28天内应按照发包人提出的合理要求补充资料，修改竣工结算文件，并应再次提交给发包人复核后批准。

3）发包人应在收到承包人再次提交的竣工结算文件后的28天内予以复核，将复核结果通知承包人，并应遵守下列规定：

①发包人、承包人对复核结果无异议的，应在7天内在竣工结算文件上签字确认，竣工结算办理完毕。

②发包人或承包人对复核结果认为有误的，无异议部分按照①规定办理不完全竣工结算；有异议部分由发承包双方协商解决；协商不成的，应按照合同约定的争议解决方式处理。

4）发包人在收到承包人竣工结算文件后的28天内，不核对竣工结算或未提出核对意见的，应视为承包人提交的竣工结算文件已被发包人认可，竣工结算办理完毕。

5）承包人在收到发包人提出的核实意见后的28天内，不确认也未提出异议的，应视为发包人提出的核实意见已被承包人认可，竣工结算办理完毕。

6）发包人委托工程造价咨询人核对竣工结算的，工程造价咨询人应在28天内核对完毕，核对结论与承包人竣工结算文件不一致的，应提交给承包人复核；承包人应在14天内将同意核对结论或不同意见的说明提交工程造价咨询人。工程造价咨询人收到承包人提出的异议后，应再次复核，复核无异议的，应按3）条①的规定办理，复核后仍有异议的，按3）条②的规定办理。

承包人逾期未提出书面异议的，应视为工程造价咨询人核对的竣工结算文件已经承包人认可。

7）对发包人或发包人委托的工程造价咨询人指派的专业人员与承包人指派的专业人员经核对后无异议并签名确认的竣工结算文件，除非发承包人能提出具体、详细的不同意见，发承包人都应在竣工结算文件上签名确认，如其中一方拒不签认的，按下列规定办理：

①若发包人拒不签认的，承包人可不提供竣工验收备案资料，并有权拒绝与发包人或其上级部门委托的工程造价咨询人重新核对竣工结算文件。

②若承包人拒不签认的，发包人要求办理竣工验收备案的，承包人不得拒绝提供竣工验收资料，否则，由此造成的损失，承包人承担相应责任。

8）合同工程竣工结算核对完成，发承包双方签字确认后，发包人不得要求承包人与另一个或多个工程造价咨询人重复核对竣工结算。

9）发包人对工程质量有异议，拒绝办理工程竣工结算的，已竣工验收或已竣工未验收但实际投入使用的工程，其质量争议应按该工程保修合同执行，竣工结算应按合同约定办理；已竣工未验收且未实际投入使用的工程以及停工、停建工程的质量争议，双方应就有争议的部分委托有资质的检测鉴定机构进行检测，并应根据检测结果确定解决方案，或按工程质量监督机构的处理决定执行后办理竣工结算，无争议部分的竣工结算应按合同约定办理。

4. 结算款支付

1）承包人应根据办理的竣工结算文件向发包人提交竣工结算款支付申请。申请包括下列内容：

①竣工结算合同价款总额。

②累计已实际支付的合同价款。

③应预留的质量保证金。

④实际应支付的竣工结算款金额。

2）发包人应在收到承包人提交竣工结算款支付申请后 7 天内予以核实，向承包人签发竣工结算支付证书。

3）发包人签发竣工结算支付证书后的 14 天内，应按照竣工结算支付证书列明的金额向承包人支付结算款。

4）发包人在收到承包人提交的竣工结算款支付申请后 7 天内不予核实，不向承包人签发竣工结算支付证书的，视为承包人的竣工结算款支付申请已被发包人认可；发包人应在收到承包人提交的竣工结算款支付申请 7 天后的 14 天内，按照承包人提交的竣工结算款支付申请列明的金额向承包人支付结算款。

5）发包人未按照 3)、4）规定支付竣工结算款的，承包人可催告发包人支付，并有权获得延迟支付的利息。发包人在竣工结算支付证书签发后或者在收到承包人提交的竣工结算款支付申请 7 天后的 56 天内仍未支付的，除法律另有规定外，承包人可与发包人协商将该工程折价，也可直接向人民法院申请将该工程依法拍卖。承包人应就该工程折价或拍卖的价款优先受偿。

5. 质量保证金

1）发包人应按照合同约定的质量保证金比例从结算款中预留质量保证金。

2）承包人未按照合同约定履行属于自身责任的工程缺陷修复义务的，发包人有权从质量保证金中扣除用于缺陷修复的各项支出。经查验，工程缺陷属于发包人原因造成的，应由发包人承担查验和缺陷修复的费用。

3）在合同约定的缺陷责任期终止后，发包人应按照本节第 6 条“最终结清”的规定，将剩余的质量保证金返还给承包人。

6. 最终结清

1）缺陷责任期终止后，承包人应按照合同约定向发包人提交最终结清支付申请。发包人对最终结清支付申请有异议的，有权要求承包人进行修正和提供补充资料。承包人修正后，应再次向发包人提交修正后的最终结清支付申请。

2）发包人应在收到最终结清支付申请后的 14 天内予以核实，并应向承包人签发最终结清支付证书。

3）发包人应在签发最终结清支付证书后的14天内，按照最终结清支付证书列明的金额向承包人支付最终结清款。

4）发包人未在约定的时间内核实，又未提出具体意见的，应视为承包人提交的最终结清支付申请已被发包人认可。

5）发包人未按期最终结清支付的，承包人可催告发包人支付，并有权获得延迟支付的利息。

6）最终结清时，承包人被预留的质量保证金不足以抵减发包人工程缺陷修复费用的，承包人应承担不足部分的补偿责任。

7）承包人对发包人支付的最终结清款有异议的，应按照合同约定的争议解决方式处理。

3.2.9 合同解除的价款结算与支付

1）发承包双方协商一致解除合同的，应按照达成的协议办理结算和支付合同价款。

2）由于不可抗力致使合同无法履行解除合同的，发包人应向承包人支付合同解除之日前已完成工程但尚未支付的合同价款，此外，还应支付下列金额：

①“3.2.6 合同价款调整”第11条“提前竣工（赶工补偿）”规定的由发包人承担的费用。

②已实施或部分实施的措施项目应付价款。

③承包人为合同工程合理订购且已交付的材料和工程设备货款。

④承包人撤离现场所需的合理费用，包括员工遣送费和临时工程拆除、施工设备运离现场的费用。

⑤承包人为完成合同工程而预期开支的任何合理费用，且该项费用未包括在本款其他各项支付之内。

发承包双方办理结算合同价款时，应扣除合同解除之日前发包人应向承包人收回的价款。当发包人应扣除的金额超过了应支付的金额，承包人应在合同解除后的56天内将其差额退还给发包人。

3）因承包人违约解除合同的，发包人应暂停向承包人支付任何价款。发包人应在合同解除后28天内核实合同解除时承包人已完成的全部合同价款以及按施工进度计划已运至现场的材料和工程设备货款，按合同约定核算承包人应支付的违约金以及造成损失的索赔金额，并将结果通知承包人。发承包双方应在28天内予以确认或提出意见，并应办理结算合同价款。如果发包人应扣除的金额超过了应支付的金额，承包人应在合同解除后的56天内将其差额退还给发包人。发承包双方不能就解除合同后的结算达成一致的，按照合同约定的争议解决方式处理。

4）因发包人违约解除合同的，发包人除应按照2）的规定向承包人支付各项价款外，应按合同约定核算发包人应支付的违约金以及给承包人造成损失或损害的索赔金额费用。该笔费用应由承包人提出，发包人核实后应与承包人协商确定后的7天内向承包人签发支付证书。协商不能达成一致的，应按照合同约定的争议解决方式处理。

3.2.10 合同价款争议的解决

1. 监理或造价工程师暂定

1）若发包人和承包人之间就工程质量、进度、价款支付与扣除、工期延期、索赔、价款调整等发生任何法律上、经济上或技术上的争议，首先应根据已签约合同的规定，提交合同约定职责范围内的总监理工程师或造价工程师解决，并应抄送另一方。总监理工程师或造价工程师在收到此提交件后14天内应将暂定结果通知发包人和承包人。发承包双方对暂定结果认可的，应以书面形式予以确认，暂定结果成为最终决定。

2）发承包双方在收到总监理工程师或造价工程师的暂定结果通知之后的14天内未对暂定结果予以确认也未提出不同意见的，应视为发承包双方已认可该暂定结果。

3）发承包双方或一方不同意暂定结果的，应以书面形式向总监理工程师或造价工程师提出，说明自己认为正确的结果，同时抄送另一方，此时该暂定结果成为争议。在暂定结果对发承包双方当事人履约不产生实质影响的前提下，发承包双方应实施该结果，直到按照发承包双方认可的争议解决办法被改变为止。

2. 管理机构的解释或认定

1）合同价款争议发生后，发承包双方可就工程计价依据的争议以书面形式提请工程造价管理机构对争议以书面文件进行解释或认定。

2）工程造价管理机构应在收到申请的10个工作日内就发承包双方提请的争议问题进行解释或认定。

3）发承包双方或一方在收到工程造价管理机构书面解释或认定后仍可按照合同约定的争议解决方式提请仲裁或诉讼。除工程造价管理机构的上级管理部门做出了不同的解释或认定，或在仲裁裁决或法院判决中不予采信的以外，工程造价管理机构做出的书面解释或认定应为最终结果，并应对发承包双方均有约束力。

3. 协商和解

1）合同价款争议发生后，发承包双方任何时候都可以进行协商。协商达成一致的，双方应签订书面和解协议，和解协议对发承包双方均有约束力。

2）如果协商不能达成一致协议，发包人或承包人都可以按合同约定的其他方式解决争议。

4. 调解

1）发承包双方应在合同中约定或在合同签订后共同约定争议调解人，负责双方在合同履行过程中发生争议的调解。

2）合同履行期间，发承包双方可协议调换或终止任何调解人，但发包人或承包人都不能单独采取行动。除非双方另有协议，在最终结清支付证书生效后，调解人的任期应即终止。

3）如果发承包双方发生了争议，任何一方可将该争议以书面形式提交调解人，并将副本抄送另一方，委托调解人调解。

4）发承包双方应按照调解人提出的要求，给调解人提供所需要的资料、现场进入权及相应设施。调解人应被视为不是在进行仲裁人的工作。

5）调解人应在收到调解委托后28天内或由调解人建议并经发承包双方认可的其他期

限内提出调解书，发承包双方接受调解书的，经双方签字后作为合同的补充文件，对发承包双方均具有约束力，双方都应立即遵照执行。

6）当发承包双方中任一方对调解人的调解书有异议时，应在收到调解书后28天内向另一方发出异议通知，并应说明争议的事项和理由。但除非并直到调解书在协商和解或仲裁裁决、诉讼判决中做出修改，或合同已经解除，承包人应继续按照合同实施工程。

7）当调解人已就争议事项向发承包双方提交了调解书，而任一方在收到调解书后28天内均未发出表示异议的通知时，调解书对发承包双方应均具有约束力。

5. 仲裁、诉讼

1）发承包双方的协商和解或调解均未达成一致意见，其中的一方已就此争议事项根据合同约定的仲裁协议申请仲裁，应同时通知另一方。

2）仲裁可在竣工之前或之后进行，但发包人、承包人、调解人各自的义务不得因在工程实施期间进行仲裁而有所改变。当仲裁是在仲裁机构要求停止施工的情况下进行时，承包人应对合同工程采取保护措施，由此增加的费用应由败诉方承担。

3）在本节第1条“监理或造价工程师暂定”～第4条“调解”的期限之内，暂定或和解协议或调解书已经有约束力的情况下，当发承包中一方未能遵守暂定或和解协议或调解书时，另一方可在不损害他可能具有的任何其他权利的情况下，将未能遵守暂定或不执行和解协议或调解书达成的事项提交仲裁。

4）发包人、承包人在履行合同时发生争议，双方不愿和解、调解或者和解、调解不成，又没有达成仲裁协议的，可依法向人民法院提起诉讼。

3.2.11 工程造价鉴定

1. 一般鉴定

1）在工程合同价款纠纷案件处理中，需做工程造价司法鉴定的，应委托具有相应资质的工程造价咨询人进行。

2）工程造价咨询人接受委托时提供工程造价司法鉴定服务，应按仲裁、诉讼程序和要求进行，并应符合国家关于司法鉴定的规定。

3）工程造价咨询人进行工程造价司法鉴定时，应指派专业对口、经验丰富的注册造价工程师承担鉴定工作。

4）工程造价咨询人应在收到工程造价司法鉴定资料后10天内，根据自身专业能力和证据资料判断能否胜任该项委托，如不能，应辞去该项委托。工程造价咨询人不得在鉴定期满后以上述理由不做出鉴定结论，影响案件处理。

5）接受工程造价司法鉴定委托的工程造价咨询人或造价工程师如是鉴定项目一方当事人的近亲属或代理人、咨询人以及其他关系可能影响鉴定公正的，应当自行回避；未自行回避，鉴定项目委托人以该理由要求其回避的，必须回避。

6）工程造价咨询人应当依法出庭接受鉴定项目当事人对工程造价司法鉴定意见书的质询。如确因特殊原因无法出庭的，经审理该鉴定项目的仲裁机关或人民法院准许，可以书面形式答复当事人的质询。

2. 取证

1）工程造价咨询人进行工程造价鉴定工作时，应自行收集以下（但不限于）鉴定资料：

①适用于鉴定项目的法律、法规、规章、规范性文件以及规范、标准、定额。

②鉴定项目同时期同类型工程的技术经济指标及其各类要素价格等。

2）工程造价咨询人收集鉴定项目的鉴定依据时，应向鉴定项目委托人提出具体书面要求，其内容包括：

①与鉴定项目相关的合同、协议及其附件。

②相应的施工图纸等技术经济文件。

③施工过程中的施工组织、质量、工期和造价等工程资料。

④存在争议的事实及各方当事人的理由。

⑤其他有关资料。

3）工程造价咨询人在鉴定过程中要求鉴定项目当事人对缺陷资料进行补充的，应征得鉴定项目委托人同意，或者协调鉴定项目各方当事人共同签认。

4）根据鉴定工作需要现场勘验的，工程造价咨询人应提请鉴定项目委托人组织各方当事人对被鉴定项目所涉及的实物标的进行现场勘验。

5）勘验现场应制作勘验记录、笔录或勘验图表，记录勘验的时间、地点、勘验人、在场人、勘验经过、结果，由勘验人、在场人签名或者盖章确认。绘制的现场图应注明绘制的时间、测绘人姓名、身份等内容。必要时应采取拍照或摄像取证，留下影像资料。

6）鉴定项目当事人未对现场勘验图表或勘验笔录等签字确认的，工程造价咨询人应提请鉴定项目委托人决定处理意见，并在鉴定意见书中做出表述。

3. 鉴定

1）工程造价咨询人在鉴定项目合同有效的情况下应根据合同约定进行鉴定，不得任意改变双方合法的合意。

2）工程造价咨询人在鉴定项目合同无效或合同条款约定不明确的情况下应根据法律法规、相关国家标准和《建设工程工程量清单计价规范》GB 50500—2013 的规定，选择相应专业工程的计价依据和方法进行鉴定。

3）工程造价咨询人出具正式鉴定意见书之前，可报请鉴定项目委托人向鉴定项目各方当事人发出鉴定意见书征求意见稿，并指明应书面答复的期限及其不答复的相应法律责任。

4）工程造价咨询人收到鉴定项目各方当事人对鉴定意见书征求意见稿的书面复函后，应对不同意见认真复核，修改完善后再出具正式鉴定意见书。

5）工程造价咨询人出具的工程造价鉴定书应包括下列内容：

①鉴定项目委托人名称、委托鉴定的内容。

②委托鉴定的证据材料。

③鉴定的依据及使用的专业技术手段。

④对鉴定过程的说明。

⑤明确的鉴定结论。

⑥其他需说明的事宜。

⑦工程造价咨询人盖章及注册造价工程师签名盖执业专用章。

6）工程造价咨询人应在委托鉴定项目的鉴定期限内完成鉴定工作，如确因特殊原因不能在原定期限内完成鉴定工作时，应按照相应法规提前向鉴定项目委托人申请延长鉴定期限，并应在此期限内完成鉴定工作。

经鉴定项目委托人同意等待鉴定项目当事人提交、补充证据的，质证所用的时间不应计入鉴定期限。

7）对于已经出具的正式鉴定意见书中有部分缺陷的鉴定结论，工程造价咨询人应通过补充鉴定做出补充结论。

3.2.12 工程计价资料与档案

1. 计价资料

1）发承包双方应当在合同中约定各自在合同工程中现场管理人员的职责范围，双方现场管理人员在职责范围内签字确认的书面文件是工程计价的有效凭证，但如有其他有效证据或经实证证明其是虚假的除外。

2）发承包双方不论在何种场合对与工程计价有关的事项所给予的批准、证明、同意、指令、商定、确定、确认、通知和请求，或表示同意、否定、提出要求和意见等，均应采用书面形式，口头指令不得作为计价凭证。

3）任何书面文件送达时，应由对方签收，通过邮寄应采用挂号、特快专递传送，或以发承包双方商定的电子传输方式发送，交付、传送或传输至指定的接收人的地址。如接收人通知了另外地址时，随后通信信息应按新地址发送。

4）发承包双方分别向对方发出的任何书面文件，均应将其抄送现场管理人员，如系复印件应加盖合同工程管理机构印章，证明与原件相同。双方现场管理人员向对方所发任何书面文件，也应将其复印件发送给发承包双方，复印件应加盖合同工程管理机构印章，证明与原件相同。

5）发承包双方均应当及时签收另一方送达其指定接收地点的来往信函，拒不签收的，送达信函的一方可以采用特快专递或者公证方式送达，所造成的费用增加（包括被迫采用特殊送达方式所发生的费用）和延误的工期由拒绝签收一方承担。

6）书面文件和通知不得扣压，一方能够提供证据证明另一方拒绝签收或已送达的，应视为对方已签收并应承担相应责任。

2. 计价档案

1）发承包双方以及工程造价咨询人对具有保存价值的各种载体的计价文件，均应收集齐全，整理立卷后归档。

2）发承包双方和工程造价咨询人应建立完善的工程计价档案管理制度，并应符合国家和有关部门发布的档案管理相关规定。

3）工程造价咨询人归档的计价文件，保存期不宜少于五年。

4）归档的工程计价成果文件应包括纸质原件和电子文件，其他归档文件及依据可为纸质原件、复印件或电子文件。

5）归档文件应经过分类整理，并应组成符合要求的案卷。

6）归档可以分阶段进行，也可以在项目竣工结算完成后进行。

7）向接受单位移交档案时，应编制移交清单，双方应签字、盖章后方可交接。

4　水暖工程工程量计算规则与实例

4.1　工程量与综合单价计算

4.1.1　计价工程量计算方法

1. 计价工程量的概念

计价工程量也称报价工程量，它是计算工程投标报价的重要数据。

计价工程量是投标人根据拟建工程施工图、施工方案、清单工程量和所采用定额及相对应的工程量计算规则计算出来的，用以确定综合单价的重要数据。

清单工程量作为统一各投标人工程报价的口径，是十分重要的，也是十分必要的。但是，投标人不能根据清单工程量直接进行报价。因为施工方案不同，其实际发生的工程量是不同的。所以，在投标报价时，各投标人必然要计算计价工程量，我们将用于报价的实际工程量称为计价工程量。

2. 计价工程量计算方法

计价工程量是依据所采用的定额和相对应的工程量计算规则计算的，所以，承包商一旦确定采用何种定额时，就应完全按其定额所划分的项目内容和工程量计算规则计算工程量。

计价工程量的计算内容一般要多于清单工程量。因为，计价工程量不但要计算每个清单项目的主项工程量，而且还要计算所包含的附项工程量。如 M5 水泥砂浆砌砖基础项目，不但要计算主项的砖基础项目，还要计算混凝土基础垫层的附项工程量。

4.1.2　综合单价的编制

1. 综合单价的概念

综合单价是相对各分项单价而言的，在分部分项清单工程量以及相对应的计价工程量项目的人工单价、材料单价、机械台班单价、管理费单价、利润单价基础上综合而成的。形成综合单价的综合过程并不是简单地将其汇总的过程，而是根据具体分部分项清单工程量和计价工程量及工料机单价通过具体计算后综合而成。

2. 综合单价计算方法

综合单价的计算过程为：先用计价工程量乘以定额消耗量得出工料机消耗量，再乘以对应的工料机单价得出主项和附项直接费，然后再计算出计价工程量清单项目费小计，接着再计算管理费、利润得出清单合价，最后再用清单合价除以清单工程量得出综合单价。其示意图见图 4-1。

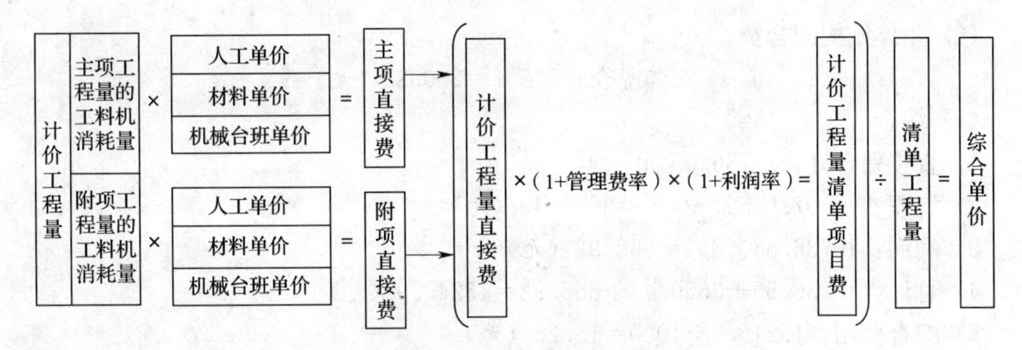

图 4-1 综合单价计算方法示意图

4.1.3 工程量清单计价编制示例

【例 4-1】 某工程室内焊接钢管，钢管规格为 *DN*15，螺纹连接，外套镀锌铁皮套管，手工除锈，刷一次防锈漆，两次银粉漆。试编制分部分项工程量清单综合单价计算表及分部分项工程量清单综合单价计算表。

【解】

(1) 管道安装，*DN*15（螺纹连接）：1000m

1) 人工费：42.49/10×1000＝4249（元）

2) 材料费：12.41/10×1000＝1241（元）

3) 机械费：无

4) 焊接钢管 *DN*15：1.02×1000＝1020（元）

1020×4＝4080（元）

(2) 镀锌铁皮套管制作，*DN*25：200 个

1) 人工费：0.7×200＝140（元）

2) 材料费：1.00×200＝200（元）

3) 机械费：无

(3) 管道手工除轻锈：80m^2

1) 人工费：7.89/10×80＝63.12（元）

2) 材料费：3.38/10×80＝27.04（元）

3) 机械费：无

(4) 管道刷一次防锈漆，两次银粉漆：80m^2

1) 人工费：(6.27＋6.5＋6.27) /10×80＝152.32（元）

2) 材料费：(1.13＋4.81＋4.37) /10×80＝82.48（元）

3) 机械费：无

4) 酚醛防锈漆：1.31/10×80＝10.48（元）

10.48×8.5＝89.08（元）

5) 酚醛清漆：(0.36＋0.33) /10×80＝5.52（元）

5.52×8＝44.16（元）

(5) 高层建筑增加费

人工费合计×3%＝138.13（元）

(6) 主体结构配合费

人工费合计×5%=230.22 (元)

(7) 综合

1) 直接费合计：10736.55 元

2) 管理费：10736.55×34%=3650.43 (元)

3) 利润：10736.55×8%=858.92 (元)

4) 总计：10736.55+3650.43+858.92=15245.9 (元)

5) 综合费用：15245.9÷1000=15.25 (元)

分部分项工程和单价措施项目清单与计价表见表 4-1，综合单价分析表见表 4-2。

表 4-1 分部分项工程和单价措施项目清单与计价表

序号	项目编号	项目名称	项目特征描述	计量单位	工程数量	金额（元）	
						综合单价	合价
1	031001002001	钢管	1. 室内焊接钢管安装，*DN*15 2. 螺纹连接	m	1000	15.25	15245.90

表 4-2 综合单价分析表

项目编码	031001002001	项目名称	钢管	计量单位	m	工程量	1000				
清单综合单价组成明细											
定额编号	定额项目名称	定额单位	数量	单价				合价			
				人工费	材料费	机械费	管理费和利润	人工费	材料费	机械费	管理费和利润
8-98	管道安装 *DN*15	10m	0.1	42.49	12.41	—	23.06	4.25	1.24	—	2.31
8-169	镀锌铁皮套管制作，*DN*25	个	0.2	0.70	1.0	—	0.72	0.14	0.2	—	0.14
11-1	手工除锈	10m²	0.008	7.89	3.38	—	4.74	0.06	0.03	—	0.04
11-53	刷防锈漆第一遍	10m²	0.008	6.27	1.13	—	3.11	0.05	0.001	—	0.03
11-56	刷银粉漆第一遍	10m²	0.008	6.50	4.81	—	4.75	0.05	0.04	—	0.04

续表 4-2

定额编号	定额项目名称	定额单位	数量	单价				合价			
				人工费	材料费	机械费	管理费和利润	人工费	材料费	机械费	管理费和利润
11-57	刷银粉漆第二遍	10m²	0.008	6.27	4.37	—	4.47	0.05	0.04	—	0.04
—	高层建筑增加费	元	—	0.14	—	—	0.06	0.14	—	—	0.06
—	主体结构配合费	元	—	0.23	—	—	0.10	0.23	—	—	0.10
人工单价		小计						4.97	1.55	—	2.76
23元/工日		未计价材料费						5.75			
清单项目综合单价								15.25			

材料费明细	主要材料名称、规格、型号	单位	数量	单价（元）	合价（元）	暂估单价（元）	暂估合价（元）
	焊接钢管 *DN*15	10m	1.02	4	4.08		
	酚醛防锈漆	kg	0.13	8.5	1.105		
	酚醛清漆	kg	0.07	8	0.56		
	其他材料费			—	—	—	
	材料费小计			—	5.75	—	

4.2 水暖工程工程量清单项目设置及计算规则

4.2.1 给水排水、采暖管道

给水排水、采暖管道工程量清单项目设置、项目特征描述的内容、计量单位及工程量计算规则，应按表 4-3 的规定执行。

表 4-3 给水排水、采暖管道（编码：031001）

<table>
<tr><th>项目编码</th><th>项目名称</th><th>项目特征</th><th>计量单位</th><th>工程量计算规则</th><th>工作内容</th></tr>
<tr><td>031001001</td><td>镀锌钢管</td><td rowspan="4">1. 安装部位
2. 介质
3. 规格、压力等级
4. 连接形式
5. 压力试验及吹、洗设计要求
6. 警示带形式</td><td rowspan="8">m</td><td rowspan="8">按设计图示管道中心线以长度计算</td><td rowspan="4">1. 管道安装
2. 管件制作、安装
3. 压力试验
4. 吹扫、冲洗
5. 警示带铺设</td></tr>
<tr><td>031001002</td><td>钢管</td></tr>
<tr><td>031001003</td><td>不锈钢管</td></tr>
<tr><td>031001004</td><td>铜管</td></tr>
<tr><td>031001005</td><td>铸铁管</td><td>1. 安装部位
2. 介质
3. 材质、规格
4. 连接形式
5. 接口材料
6. 压力试验及吹、洗设计要求
7. 警示带形式</td><td>1. 管道安装
2. 管件安装
3. 压力试验
4. 吹扫、冲洗
5. 警示带铺设</td></tr>
<tr><td>031001006</td><td>塑料管</td><td>1. 安装部位
2. 介质
3. 材质、规格
4. 连接形式
5. 阻火圈设计要求
6. 压力试验及吹、洗设计要求
7. 警示带形式</td><td>1. 管道安装
2. 管件安装
3. 塑料卡固定
4. 阻火圈安装
5. 压力试验
6. 吹扫、冲洗
7. 警示带铺设</td></tr>
<tr><td>031001007</td><td>复合管</td><td>1. 安装部位
2. 介质
3. 材质、规格
4. 连接形式
5. 压力试验及吹、洗设计要求
6. 警示带形式</td><td>1. 管道安装
2. 管件安装
3. 塑料卡固定
4. 压力试验
5. 吹扫、冲洗
6. 警示带铺设</td></tr>
<tr><td>031001008</td><td>直埋式预制保温管</td><td>1. 埋设深度
2. 介质
3. 管道材质、规格
4. 连接形式
5. 接口保温材料
6. 压力试验及吹、洗设计要求
7. 警示带形式</td><td>1. 管道安装
2. 管件安装
3. 接口保温
4. 压力试验
5. 吹扫、冲洗
6. 警示带铺设</td></tr>
</table>

续表 4-3

项目编码	项目名称	项目特征	计量单位	工程量计算规则	工作内容
031001009	承插陶瓷缸瓦管	1. 埋设深度 2. 规格 3. 接口方式及材料 4. 压力试验及吹、洗设计要求 5. 警示带形式	m	按设计图示管道中心线以长度计算	1. 管道安装 2. 管件安装 3. 压力试验 4. 吹扫、冲洗 5. 警示带铺设
031001010	承插水泥管				
031001011	室外管道碰头	1. 介质 2. 碰头形式 3. 材质、规格 4. 连接形式 5. 防腐、绝热设计要求	处	按设计图示以处计算	1. 挖填工作坑或暖气沟拆除及修复 2. 碰头 3. 接口处防腐 4. 接口处绝热及保护层

注：1. 安装部位，指管道安装在室内、室外。
2. 输送介质包括给水、排水、中水、雨水、热媒体、燃气、空调水等。
3. 方形补偿器制作安装应含在管道安装综合单价中。
4. 铸铁管安装适用于承插铸铁管、球墨铸铁管、柔性抗震铸铁管等。
5. 塑料管安装适用于 UPVC、PVC、PP-C、PP-R、PE、PB 管等塑料管材。
6. 复合管安装适用于钢塑复合管、铝塑复合管、钢骨架复合管等复合型管道安装。
7. 直埋保温管包括直埋保温管件安装及接口保温。
8. 排水管道安装包括立管检查口、透气帽。
9. 室外管道碰头：
(1) 适用于新建或扩建工程热源、水源、气源管道与原（旧）有管道碰头；
(2) 室外管道碰头包括挖工作坑、土方回填或暖气沟局部拆除及修复；
(3) 带介质管道碰头包括开关闸、临时放水管线铺设等费用；
(4) 热源管道碰头每处包括供、回水两个接口；
(5) 碰头形式指带介质碰头、不带介质碰头。
10. 管道工程量计算不扣除阀门、管件（包括减压器、疏水器、水表、伸缩器等组成安装）及附属构筑物所占长度；方形补偿器以其所占长度列入管道安装工程量。
11. 压力试验按设计要求描述试验方法，如水压试验、气压试验、泄漏性试验、闭水试验、通球试验、真空试验等。
12. 吹、洗按设计要求描述吹扫、冲洗方法，如水冲洗、消毒冲洗、空气吹扫等。

4.2.2 支架及其他

支架及其他工程量清单项目设置、项目特征描述的内容、计量单位及工程量计算规则，应按表 4-4 的规定执行。

表 4-4　支架及其他（编码：031002）

<table>
<tr><th>项目编码</th><th>项目名称</th><th>项目特征</th><th>计量单位</th><th>工程量计算规则</th><th>工作内容</th></tr>
<tr><td>031002001</td><td>管道支架</td><td>1. 材质
2. 管架形式</td><td rowspan="2">1. kg
2. 套</td><td rowspan="2">1. 以千克计量，按设计图示质量计算
2. 以套计量，按设计图示数量计算</td><td rowspan="2">1. 制作
2. 安装</td></tr>
<tr><td>031002002</td><td>设备支架</td><td>1. 材质
2. 形式</td></tr>
<tr><td>031002003</td><td>套管</td><td>1. 名称、类型
2. 材质
3. 规格
4. 填料材质</td><td>个</td><td>按设计图示数量计算</td><td>1. 制作
2. 安装
3. 除锈、刷油</td></tr>
</table>

注：1. 单件支架质量 100kg 以上的管道支吊架执行设备支吊架制作安装。
2. 成品支架安装执行相应管道支架或设备支架项目，不再计取制作费，支架本身价值含在综合单价中。
3. 套管制作安装，适用于穿基础、墙、楼板等部位的防水套管、填料套管、无填料套管及防火套管等，应分别列项。

4.2.3　管道附件

管道附件工程量清单项目设置、项目特征描述的内容、计量单位及工程量计算规则，应按表 4-5 的规定执行。

表 4-5　管道附件（编码：031003）

<table>
<tr><th>项目编码</th><th>项目名称</th><th>项目特征</th><th>计量单位</th><th>工程量计算规则</th><th>工作内容</th></tr>
<tr><td>031003001</td><td>螺纹阀门</td><td rowspan="3">1. 类型
2. 材质
3. 规格、压力等级
4. 连接形式
5. 焊接方法</td><td rowspan="5">个</td><td rowspan="5">按设计图示数量计算</td><td rowspan="4">1. 安装
2. 电气接线
3. 调试</td></tr>
<tr><td>031003002</td><td>螺纹法兰阀门</td></tr>
<tr><td>031003003</td><td>焊接法兰阀门</td></tr>
<tr><td>031003004</td><td>带短管甲乙阀门</td><td>1. 材质
2. 规格、压力等级
3. 连接形式
4. 接口方式及材质</td></tr>
<tr><td>031003005</td><td>塑料阀门</td><td>1. 规格
2. 连接形式</td><td>1. 安装
2. 调试</td></tr>
</table>

续表 4-5

项目编码	项目名称	项目特征	计量单位	工程量计算规则	工作内容
031003006	减压器	1. 材质 2. 规格、压力等级 3. 连接形式 4. 附件配置	组	按设计图示数量计算	组装
031003007	疏水器				
031003008	除污器（过滤器）	1. 材质 2. 规格、压力等级 3. 连接形式			安装
031003009	补偿器	1. 类型 2. 材质 3. 规格、压力等级 4. 连接形式	个		
0310030010	软接头（软管）	1. 材质 2. 规格 3. 连接形式	个（组）		
031003011	法兰	1. 材质 2. 规格、压力等级 3. 连接形式	副（片）		
031003012	倒流防止器	1. 材质 2. 型号、规格 3. 连接形式	套		
031003013	水表	1. 安装部位（室内外） 2. 型号、规格 3. 连接形式 4. 附件配置	组（个）	按设计图示数量计算	组装
031003014	热量表	1. 类型 2. 型号、规格 3. 连接形式	块		安装
031003015	塑料排水管消声器	1. 规格 2. 连接形式	个		
031003016	浮标液面计		组		
031003017	浮漂水位标尺	1. 用途 2. 规格	套		

注：1. 法兰阀门安装包括法兰连接，不得另计。阀门安装如仅为一侧法兰连接时，应在项目特征中描述。

2. 塑料阀门连接形式需注明热熔连接、粘接、热风焊接等方式。

3. 减压器规格按高压侧管道规格描述。

4. 减压器、疏水器、倒流防止器等项目包括组成与安装工作内容，项目特征应根据设计要求描述附件配置情况，或根据××图集或××施工图做法描述。

4.2.4　卫生器具

卫生器具工程量清单项目设置、项目特征描述的内容、计量单位及工程量计算规则，应按表 4-6 的规定执行。

表 4-6　卫生器具（编码：031004）

项目编码	项目名称	项目特征	计量单位	工程量计算规则	工作内容
031004001	浴缸	1. 材质 2. 规格、类型 3. 组装形式 4. 附件名称、数量	组	按设计图示数量计算	1. 器具安装 2. 附件安装
031004002	净身盆				
031004003	洗脸盆				
031004004	洗涤盆				
031004005	化验盆				
031004006	大便器				
031004007	小便器				
031004008	其他成品卫生器具				
031004009	烘手器	1. 材质 2. 型号、规格	个	按设计图示数量计算	安装
031004010	淋浴器	1. 材质、规格 2. 组装形式 3. 附件名称、数量	套		1. 器具安装 2. 附件安装
031004011	淋浴间				
031004012	桑拿浴房				
031004013	大、小便槽自动冲洗水箱	1. 材质、类型 2. 规格 3. 水箱配件 4. 支架形式及做法 5. 器具及支架除锈、刷油设计要求			1. 制作 2. 安装 3. 支架制作、安装 4. 除锈、刷油
031004014	给水、排水附（配）件	1. 材质 2. 型号、规格 3. 安装方式	个（组）		安装

续表 4-6

项目编码	项目名称	项目特征	计量单位	工程量计算规则	工作内容
031004015	小便槽冲洗管	1. 材质 2. 规格	m	按设计图示长度计算	1. 制作 2. 安装
031004016	蒸汽—水加热器	1. 类型 2. 型号、规格 3. 安装方式	套	按设计图示数量计算	
031004017	冷热水混合器				
031004018	饮水器				
031004019	隔油器	1. 类型 2. 型号、规格 3. 安装部位			安装

注：1. 成品卫生器具项目中的附件安装，主要指给水附件包括水嘴、阀门、喷头等，排水配件包括存水弯、排水栓、下水口等以及配备的连接管。
2. 浴缸支座和浴缸周边的砌砖、瓷砖粘贴，应按现行国家标准《房屋建筑与装饰工程工程量计算规范》GB 50854—2013 相关项目编码列项；功能性浴缸不含电动机接线和调试，应按《通用安装工程工程量计算规范》GB 50856—2013 附录 D 电气设备安装工程相关项目编码列项。
3. 洗脸盆适用于洗脸盆、洗发盆、洗手盆安装。
4. 器具安装中若采用混凝土或砖基础，应按现行国家标准《房屋建筑与装饰工程工程量计算规范》GB 50854—2013相关项目编码列项。
5. 给水、排水附（配）件是指独立安装的水嘴、地漏、地面扫出口等。

4.2.5　供暖器具

供暖器具工程量清单项目设置、项目特征描述的内容、计量单位及工程量计算规则，应按表 4-7 的规定执行。

表 4-7　供暖器具（编码：031005）

项目编码	项目名称	项目特征	计量单位	工程量计算规则	工作内容
031005001	铸铁散热器	1. 型号、规格 2. 安装方式 3. 托架形式 4. 器具、托架除锈、刷油设计要求	片（组）	按设计图示数量计算	1. 组对、安装 2. 水压试验 3. 托架制作、安装 4. 除锈、刷油
031005002	钢制散热器	1. 结构形式 2. 型号、规格 3. 安装方式 4. 托架刷油设计要求	组（片）		1. 安装 2. 托架安装 3. 托架刷油

续表 4-7

项目编码	项目名称	项目特征	计量单位	工程量计算规则	工作内容
031005003	其他成品散热器	1. 材质、类型 2. 型号、规格 3. 托架刷油设计要求	组（片）	按设计图示数量计算	1. 安装 2. 托架安装 3. 托架刷油
031005004	光排管散热器	1. 材质、类型 2. 型号、规格 3. 托架形式及做法 4. 器具、托架除锈、刷油设计要求	m	按设计图示排管长度计算	1. 制作、安装 2. 水压试验 3. 除锈、刷油
031005005	暖风机	1. 质量 2. 型号、规格 3. 安装方式	台	按设计图示数量计算	安装
031005006	地板辐射采暖	1. 保温层材质、厚度 2. 钢丝网设计要求 3. 管道材质、规格 4. 压力试验及吹扫设计要求	1. m^2 2. m	1. 以平方米计量，按设计图示采暖房间净面积计算 2. 以米计量，按设计图示管道长度计算	1. 保温层及钢丝网铺设 2. 管道排布、绑扎、固定 3. 与分集水器连接 4. 水压试验、冲洗 5. 配合地面浇注
031005007	热媒集配装置	1. 材质 2. 规格 3. 附件名称、规格、数量	台	按设计图示数量计算	1. 制作 2. 安装 3. 附件安装
031005008	集气罐	1. 材质 2. 规格	个		1. 制作 2. 安装

注：1. 铸铁散热器，包括拉条制作安装。
2. 钢制散热器结构形式，包括钢制闭式、板式、壁板式、扁管式及柱式散热器等，应分别列项计算。
3. 光排管散热器，包括联管制作安装。
4. 地板辐射采暖，包括与分集水器连接和配合地面浇注用工。

4.2.6 采暖、给水排水设备

采暖、给水排水设备工程量清单项目设置、项目特征描述的内容、计量单位及工程量计算规则，应按表 4-8 的规定执行。

表 4-8 采暖、给水排水设备（编码：031006）

<table>
<tr><th>项目编码</th><th>项目名称</th><th>项目特征</th><th>计量单位</th><th>工程量计算规则</th><th>工作内容</th></tr>
<tr><td>031006001</td><td>变频
给水设备</td><td rowspan="3">1. 设备名称
2. 型号、规格
3. 水泵主要技术参数
4. 附件名称、规格、数量
5. 减震装置形式</td><td rowspan="3">套</td><td rowspan="10">按设计图示数量计算</td><td rowspan="3">1. 设备安装
2. 附件安装
3. 调试
4. 减震装置制作、安装</td></tr>
<tr><td>031006002</td><td>稳压
给水设备</td></tr>
<tr><td>031006003</td><td>无负压
给水设备</td></tr>
<tr><td>031006004</td><td>气压罐</td><td>1. 型号、规格
2. 安装方式</td><td>台</td><td>1. 安装
2. 调试</td></tr>
<tr><td>031006005</td><td>太阳能
集热装置</td><td>1. 型号、规格
2. 安装方式
3. 附件名称、规格、数量</td><td>套</td><td>1. 安装
2. 附件安装</td></tr>
<tr><td>031006006</td><td>地源（水源、气源）热泵机组</td><td>1. 型号、规格
2. 安装方式
3. 减震装置形式</td><td>组</td><td>1. 安装
2. 减震装置制作、安装</td></tr>
<tr><td>031006007</td><td>除砂器</td><td>1. 型号、规格
2. 安装方式</td><td rowspan="4">台</td><td rowspan="4">安装</td></tr>
<tr><td>031006008</td><td>水处
理器</td><td rowspan="3">1. 类型
2. 型号、规格</td></tr>
<tr><td>031006009</td><td>超声
波灭藻
设备</td></tr>
<tr><td>031006010</td><td>水质
净化器</td></tr>
</table>

续表 4-8

项目编码	项目名称	项目特征	计量单位	工程量计算规则	工作内容
031006011	紫外线杀菌设备	1. 名称 2. 规格	台	按设计图示数量计算	安装
031006012	热水器、开水炉	1. 能源种类 2. 型号、容积 3. 安装方式			1. 安装 2. 附件安装
031006013	消毒器、消毒锅	1. 类型 2. 型号、规格			安装
031006014	直饮水设备	1. 名称 2. 规格	套		
031006015	水箱	1. 材质、类型 2. 型号、规格	台		1. 制作 2. 安装

注：1. 变频给水设备、稳压给水设备、无负压给水设备安装，说明：
(1) 压力容器包括气压罐、稳压罐、无负压罐；
(2) 水泵包括主泵及备用泵，应注明数量；
(3) 附件包括给水装置中配备的阀门、仪表、软接头，应注明数量，含设备、附件之间管路连接；
(4) 泵组底座安装，不包括基础砌（浇）筑，应按现行国家标准《房屋建筑与装饰工程工程量计算规范》GB 50854—2013 相关项目编码列项；
(5) 控制柜安装及电气接线、调试应按本规范附录 D 电气设备安装工程相关项目编码列项。
2. 地源热泵机组，接管以及接管上的阀门、软接头、减震装置和基础另行计算，应按相关项目编码列项。

4.2.7 医疗气体设备及附件

医疗气体设备及附件工程量清单项目设置、项目特征描述的内容、计量单位及工程量计算规则，应按表 4-9 的规定执行。

表 4-9 医疗气体设备及附件（编码：031008）

项目编码	项目名称	项目特征	计量单位	工程量计算规则	工作内容
031008001	制氧机	1. 型号、规格 2. 安装方式	台	按设计图示数量计算	1. 安装 2. 调试
031008002	液氧罐				
031008003	二级稳压箱				
031008004	气体汇流排		组		
031008005	集污罐		个		安装

续表 4-9

<table>
<tr><th>项目编码</th><th>项目名称</th><th>项目特征</th><th>计量单位</th><th>工程量计算规则</th><th>工作内容</th></tr>
<tr><td>031008006</td><td>刷手池</td><td>1. 材质、规格
2. 附件材质、规格</td><td>组</td><td rowspan="7">按设计图示数量计算</td><td>1. 器具安装
2. 附件安装</td></tr>
<tr><td>031008007</td><td>医用真空罐</td><td>1. 型号、规格
2. 安装方式
3. 附件材质、规格</td><td rowspan="4">台</td><td>1. 本体安装
2. 附件安装
3. 调试</td></tr>
<tr><td>031008008</td><td>气水分离器</td><td>1. 规格
2. 型号</td><td>安装</td></tr>
<tr><td>031008009</td><td>干燥机</td><td rowspan="4">1. 规格
2. 安装方式</td><td rowspan="6">1. 安装
2. 调试</td></tr>
<tr><td>031008010</td><td>储气罐</td></tr>
<tr><td>031008011</td><td>空气过滤器</td><td>个</td></tr>
<tr><td>031008012</td><td>集水器</td><td>台</td></tr>
<tr><td>031008013</td><td>医疗设备带</td><td>1. 材质
2. 规格</td><td>m</td><td>按设计图示长度计算</td></tr>
<tr><td>031008014</td><td>气体终端</td><td>1. 名称
2. 气体种类</td><td>个</td><td>按设计图示数量计算</td></tr>
</table>

注：1. 气体汇流排适用于氧气、二氧化碳、氮气、笑气、氩气、压缩空气等医用气体汇流、排安装。

2. 空气过滤器适用于医用气体预过滤器、精过滤器、超精过滤器等安装。

4.2.8　采暖、空调水工程系统调试

采暖、空调水工程系统调试工程量清单项目设置、项目特征描述的内容、计量单位及工程量计算规则，应按表 4-10 的规定执行。

表 4-10　采暖、空调水工程系统调试（编码：031009）

<table>
<tr><th>项目编码</th><th>项目名称</th><th>项目特征</th><th>计量单位</th><th>工程量计算规则</th><th>工程内容</th></tr>
<tr><td>031009001</td><td>采暖工程系统调试</td><td rowspan="2">1. 系统形式
2. 采暖（空调水）管道工程量</td><td rowspan="2">系统</td><td>按采暖工程系统计算</td><td rowspan="2">系统调试</td></tr>
<tr><td>031009002</td><td>空调水工程系统调试</td><td>按空调水工程系统计算</td></tr>
</table>

注：1. 由采暖管道、管件、阀门、法兰、供暖器具组成采暖工程系统。

2. 由空调水管道、管件、阀门、法兰、冷水机组组成空调水工程系统。

3. 当采暖工程系统、空调水工程系统中管道工程量发生变化时，系统调试费用应作相应调整。

4.2.9 计算规则相关问题及说明

1）管道界限的划分：

①给水管道室内外界限划分：以建筑物外墙皮1.5m为界，入口处设阀门者以阀门为界。

②排水管道室内外界限划分：以出户第一个排水检查井为界。

③采暖管道室内外界限划分：以建筑物外墙皮1.5m为界，入口处设阀门者以阀门为界。

2）管道热处理、无损探伤，应按《通用安装工程工程量计算规范》GB 50856—2013附录H工业管道工程相关项目编码列项。

3）医疗气体管道及附件，应按《通用安装工程工程量计算规范》GB 50856—2013附录H工业管道工程相关项目编码列项。

4）管道、设备及支架除锈、刷油、保温除注明者外，应按《通用安装工程工程量计算规范》GB 50856—2013附录M刷油、防腐蚀、绝热工程相关项目编码列项。

5）凿槽（沟）、打洞项目，应按《通用安装工程工程量计算规范》GB 50856—2013附录D电气设备安装工程相关项目编码列项。

4.2.10 水暖工程措施项目

1. 专业措施项目

专业措施项目工程量清单项目设置、项目特征描述的内容、计量单位及工程量计算规则，应按表4-11的规定执行。

表4-11 专业措施项目（编码：031301）

项目编码	项目名称	工作内容及包含范围
031301001	吊装加固	1. 行车梁加固 2. 桥式起重机加固及负荷试验 3. 整体吊装临时加固件，加固设施拆除、清理
031301002	金属抱杆安装、拆除、移位	1. 安装、拆除 2. 位移 3. 吊耳制作安装 4. 拖拉坑挖埋
031301003	平台铺设、拆除	1. 场地平整 2. 基础及支墩砌筑 3. 支架型钢搭设 4. 铺设 5. 拆除、清理

续表 4-11

项目编码	项目名称	工作内容及包含范围
031301004	顶升、提升装置	安装、拆除
031301005	大型设备专用机具	
031301006	焊接工艺评定	焊接、试验及结果评价
031301007	胎（模）具制作、安装、拆除	制作、安装、拆除
031301008	防护棚制作安装拆除	防护棚制作、安装、拆除
031301009	特殊地区施工增加	1. 高原、高寒施工防护 2. 地震防护
031301010	安装与生产同时进行施工增加	1. 火灾防护 2. 噪声防护
031301011	在有害身体健康环境中施工增加	1. 有害化合物防护 2. 粉尘防护 3. 有害气体防护 4. 高浓度氧气防护
031301012	工程系统检测、检验	1. 起重机、锅炉、高压容器等特种设备安装质量监督检验检测 2. 由国家或地方检测部门进行的各类检测
031301013	设备、管道施工的安全、防冻和焊接保护	保证工程施工正常进行的防冻和焊接保护
031301014	焦炉烘炉、热态工程	1. 烘炉安装、拆除、外运 2. 热态作业劳保消耗
031301015	管道安拆后的充气保护	充气管道安装、拆除

续表 4-11

项目编码	项目名称	工作内容及包含范围
031301016	隧道内施工的通风、供水、供气、供电、照明及通信设施	通风、供水、供气、供电、照明及通信设施安装、拆除
031301017	脚手架搭拆	1. 场内、场外材料搬运 2. 搭、拆脚手架 3. 拆除脚手架后材料的堆放
031301018	其他措施	为保证工程施工正常进行所发生的费用

注：1. 由国家或地方检测部门进行的各类检测，指安装工程不包括的属经营服务性项目，如通电测试、防雷装置检测、安装，消防工程检测、室内空气质量检测等。

2. 脚手架按各附录分别列项。

3. 其他措施项目必须根据实际措施项目名称确定项目名称，明确描述工作内容及包含范围。

2. 安全文明施工及其他措施项目

安全文明施工及其他措施项目工程量清单项目设置、计量单位、工作内容及包含范围，应按表 4-12 的规定执行。

表 4-12　安全文明施工及其他措施项目（编码：031302）

项目编码	项目名称	工作内容及包含范围
031302001	安全文明施工	1. 环境保护：现场施工机械设备降低噪声、防扰民措施；水泥和其他易飞扬细颗粒建筑材料密闭存放或采取覆盖措施等；工程防扬尘洒水；土石方、建渣外运车辆保护措施等；现场污染源的控制、生活垃圾清理外运、场地排水排污措施；其他环境保护措施 2. 文明施工："五牌一图"；现场围挡的墙面美化（包括内外粉刷、刷白、标语等）、压顶装饰；现场厕所便槽刷白、贴面砖，水泥砂浆地面或地砖，建筑物内临时便溺设施；其他施工现场临时设施的装饰装修、美化措施；现场生活卫生设施；符合卫生要求的饮水设备、淋浴、消毒等设施；生活用洁净燃料；防煤气中毒、防蚊虫叮咬等措施；施工现场操作场地的硬化；现场绿化、治安综合治理；现场配备医药保健器材、物品费用和急救人员培训；用于现场工人的防暑降温、电风扇、空调等设备及用电；其他文明施工措施

续表 4-12

项目编码	项目名称	工作内容及包含范围
031302001	安全文明施工	3. 安全施工：安全资料、特殊作业专项方案的编制，安全施工标志的购置及安全宣传；“三宝”（安全帽、安全带、安全网）、“四口”（楼梯口、电梯井口、通道口、预留洞口）、“五临边”（阳台围边、楼板围边、屋面围边、槽坑围边、卸料平台两侧）、水平防护架、垂直防护架、外架封闭等防护措施；施工安全用电，包括配电箱三级配电、两级保护装置要求、外电防护措施；起重机、塔吊等起重设备（含井架、门架）及外用电梯的安全防护措施（含警示标志）及卸料平台的临边防护、层间安全门、防护棚等设施；建筑工地起重机械的检验检测；施工机具防护棚及其围栏的安全保护设施；施工安全防护通道；工人的安全防护用品、用具购置；消防设施与消防器材的配置；电气保护、安全照明设施；其他安全防护措施 4. 临时设施：施工现场采用彩色、定型钢板，砖、混凝土砌块等围挡的安砌、维修、拆除；施工现场临时建筑物、构筑物的搭设、维修、拆除，如临时宿舍、办公室、食堂、厨房、厕所、诊疗所、临时文化福利用房、临时仓库、加工场、搅拌台、临时简易水塔、水池等；施工现场临时设施的搭设、维修、拆除，如临时供水管道、临时供电管线、小型临时设施等；施工现场规定范围内临时简易道路铺设，临时排水沟、排水设施安砌、维修、拆除；其他临时设施的搭设、维修、拆除
031302002	夜间施工增加	1. 夜间固定照明灯具和临时可移动照明灯具的设置、拆除 2. 夜间施工时，施工现场交通标志、安全标牌、警示灯等的设置、移动、拆除 3. 夜间照明设备及照明用电、施工人员夜班补助、夜间施工劳动效率降低等
031302003	非夜间施工增加	为保证工程施工正常进行，在地下（暗）室、设备及大口径管道内等特殊施工部位施工时所采用的照明设备的安拆、维护及照明用电、通风等；在地下（暗）室等施工引起的人工工效降低以及由于人工工效降低引起的机械降效
031302004	二次搬运	由于施工场地条件限制而发生的材料、成品、半成品等一次运输不能到达堆放地点，必须进行二次或多次搬运
031302005	冬雨季施工增加	1. 冬雨（风）季施工时增加的临时设施（防寒保温、防雨、防风设施）的搭设、拆除 2. 冬雨（风）季施工时，对砌体、混凝土等采用的特殊加温、保温和养护措施 3. 冬雨（风）季施工时，施工现场的防滑处理、对影响施工的雨雪的清除 4. 冬雨（风）季施工时增加的临时设施、施工人员的劳动保护用品、冬雨（风）季施工劳动效率降低等

续表 4-12

项目编码	项目名称	工作内容及包含范围
031302006	已完工程及设备保护	对已完工程及设备采取的覆盖、包裹、封闭、隔离等必要保护措施
031302007	高层施工增加	1. 高层施工引起的人工工效降低以及由于人工工效降低引起的机械降效 2. 通信联络设备的使用

注：1. 本表所列项目应根据工程实际情况计算措施项目费用，需分摊的应合理计算摊销费用。
2. 施工排水是指为保证工程在正常条件下施工而采取的排水措施所发生的费用。
3. 施工降水是指为保证工程在正常条件下施工而采取的降低地下水位的措施所发生的费用。
4. 高层施工增加：
1）单层建筑物檐口高度超过 20m，多层建筑物超过 6 层时，按各附录分别列项。
2）突出主体建筑物顶的电梯机房、楼梯出口间、水箱间、瞭望塔、排烟机房等不计入檐口高度。计算层数时，地下室不计入层数。

3. 措施项目相关问题及说明

1）工业炉烘炉、设备负荷试运转、联合试运转、生产准备试运转及安装工程设备场外运输应根据招标人提供的设备及安装主要材料堆放点按本节附录其他措施编码列项。

2）大型机械设备进出场及安拆，应按现行国家标准《房屋建筑与装饰工程工程量计算规范》GB 50854—2013 相关项目编码列项。

4.3 水暖工程定额说明及工程量计算规则

4.3.1 室内给水排水工程量计算规则

1. 室内给水管道工程量的计算

工程量计算总的顺序：由入（出）口起，先主干，后支管；先进入，后排出；先设备，后附件。

计算要领：以管道系统为单元计算，先小系统，后相加为全系统；以建筑平面特点划片计算。用管道平面图的建筑物轴线尺寸和设备位置尺寸为参考，计算水平管长度；以管道系统图、剖面图的标高计算立管长度。

(1) 室内给水管道工程量

管道以施工图所示管道中心线长度“m”计量。不扣除阀门及管件所占长度。

室内外管道界线划分：入口处阀门井或外墙皮 1.5m 处。

(2) 室内给水管道定额的使用

按管道材质（镀锌管、焊接钢管、承插铸铁给水管），接口方式（丝接、焊接、承插接口、法兰接口）分类别，以管径大小规格分档次使用定额。

(3) 管道本身为主要材料

其管材价值按下式计算：

管材价值 = 按管道图计算的工程量 × 管材定额消耗量 × 相应管材单价 (4-1)

镀锌管、焊接钢管、承插铸铁给水管管件，定额包括安装，其管件个数可按设计图纸计算，也可按定额消耗量表计算。

(4) 管道安装

已包括接头零件、水压试验、穿墙及过楼板的镀锌铁皮套管安装，直径 *DN*32 以内管的管卡及托钩的制作安装，均综合在定额之内。

(5) 室内管道安装

不包括穿墙、过楼板镀锌铁皮套管的制作，工程量以“个”计量；钢管材质的穿墙及过楼板套管安装，以“个”计量，制作用《全国统一安装工程预算定额》GYD—208—2000 室外焊接钢管子目。柔性与刚性防水套管应用《全国统一安装工程预算定额》GYD—206—2000 中“其他”的相应子目；*DN*32 以上的钢管支架以“100kg”计量计算制作，并列项计算支架的除锈、刷油漆等应用《全国统一安装工程预算定额》GYD—211—2000 定额相应子目；室内给水铸铁管件应按设计数量另行计算。

(6) 室内给水管道的消毒、冲洗

以直径大小为档次、按管道长度（不扣除阀门、管件所占长度）以“m”计量。

(7) 室内给水钢管除锈、刷油漆工程量

均以管道展开表面积计算工程量，按下式计算，以“m^2”计量。

$$F = \pi DL \tag{4-2}$$

式中 D——钢管外径；

L——钢管长度。

其数量可查《全国统一安装工程预算定额》GYD—211—2000 相关内容的工程量计算表。

刷漆种类及遍数按设计图纸要求，应用《全国统一安装工程预算定额》GYD—211—2000 定额相应子目。管明装部分一般刷底漆 1 遍，其他漆 2 遍；埋地或暗装部分管道刷沥清漆 2 遍。

(8) 室内给水铸铁管道除锈、刷油工程量

均以管道展开表面积按“m^2”计量，按下式计算：

$$F = 1.2\pi DL \tag{4-3}$$

式中 F——管外壁展开面积；

D——管外径；

L——管长度（计算的管安装工程量）；

1.2——承插管道承头（大头）增加面积系数。

刷油漆种类根据图纸要求计算，一般是露在空间部分刷防锈漆 1 遍，调和漆 2 遍；埋地部分刷沥清漆 2 遍。

除锈及刷油采用《全国统一安装工程预算定额》GYD—211—2000 定额相应子目。

(9) 室内给水管道管沟土方量计算

见室外给水排水管道管沟工程量计算。

2. 室内排水管道工程量计算

室内排水管道工程量计算总顺序及计算要领与室内给水管道工程量计算相同。

(1) 室内排水管道工程量计算

规则同给水，以“m”计量。室内外管道界线划分，仍以外墙皮 1.5m 处，或以第一个出户排水检查井为界。

(2) 室内排水管道定额使用

按管道材质（铸铁排水管、塑料排水管）及接口材料、方式、管径大小为区别，应用相应定额。

(3) 室内排水管道安装定额包括

管卡、托架、吊架、透气帽制作与安装以及管道接头零件的安装。

(4) 承插铸铁室内雨水管

设计放在安装施工图中时，用《全国统一安装工程预算定额》GYD—208—2000 定额相应子目，但接头零件按设计数量另计算价值；若设计在土建施工图时，按土建定额计算。

(5) 室内排水管道除锈、刷油工程量

计算方法与公式均同室内给水铸铁管道。标准图规定露在空间部分排水管道刷防锈底漆 1 遍，银粉漆 2 遍；埋地部分刷沥清漆 2 遍或热沥青 2 遍。采用《全国统一安装工程预算定额》GYD—211—2000 定额相应子目。

(6) 管沟土方量

见室外给水排水管道安装。

(7) 室内排水管道部件安装

1）地漏安装，以“个”计量，如图 4-2（a）所示。

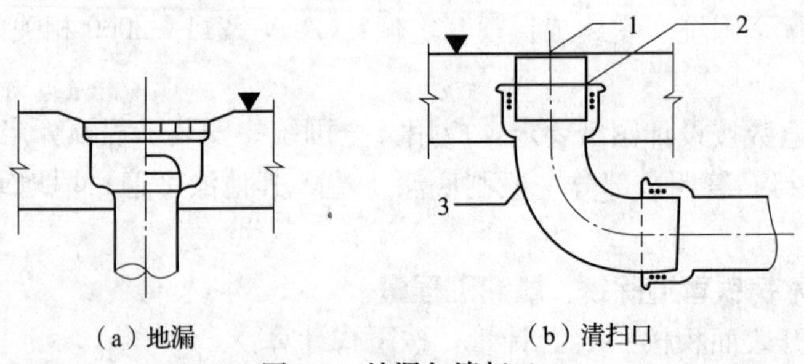

图 4-2 地漏与清扫口

1—铜清扫口盖；2—铸铁清扫口身；3—排水管弯头

2）地面扫除口（清扫口）安装，以“个”计量，如图 4-2（b）所示。

3）清通口，安装在楼层排水横管尾端。清通口有两种做法，如图 4-3 所示。

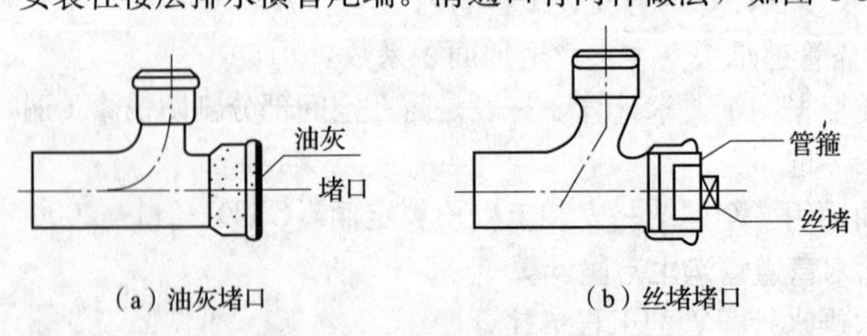

图 4-3 清通口构造

一种是油灰堵口，按“个”计量，借用地面扫除口子目，可不计算材料价值；另一种是打上一个管箍，用大丝堵堵口，仍按“个”计量，也用地面扫除口子目，但是管箍和丝堵为主要材料。

4）排水栓安装，以带存水弯和不带存水弯及规格大小分档，以“组”计量，如图 4-4 所示。

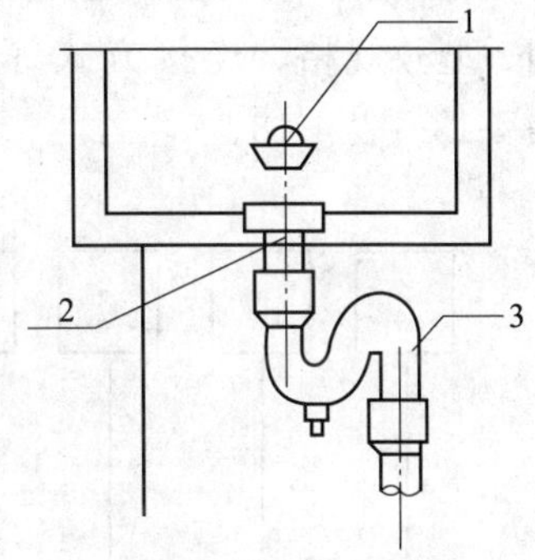

图 4-4 排水栓安装

1—带链堵；2—排水栓；3—存水弯

(8) 高层建筑新型排水系统（图 4-5）

1）瑞士苏玛 1961 年研制的苏维脱排水系统，配件有：气水混合接头、气水分离接头，如图 4-5（a）所示。

2）法国的勒格、理查和鲁夫共同于 1967 年发明的旋流式排水系统，配件有：旋流式接头、旋流式 45°弯头，如图 4-5（b）所示。

3）1937 年日本小岛德厚发明的高奇马排水系统，配件有：高奇马接头、高奇马角笛形弯头，如图 4-5（c）所示。

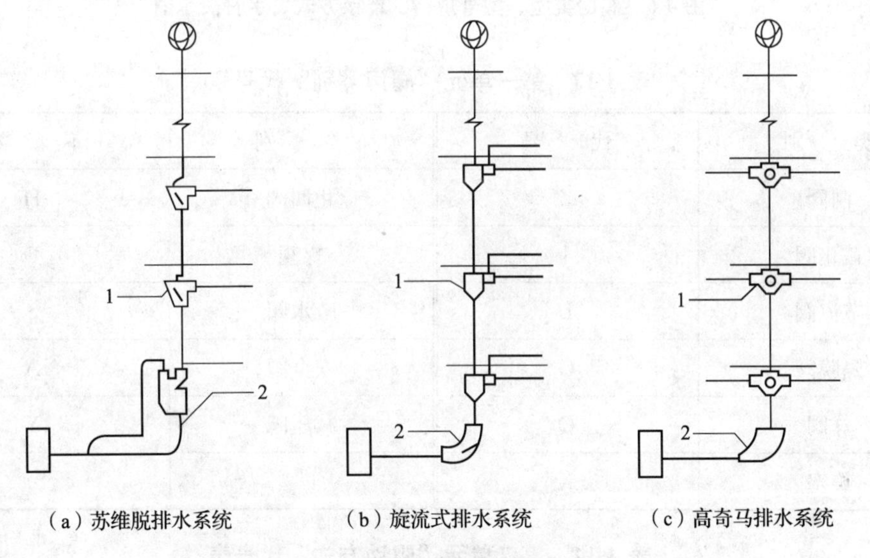

（a）苏维脱排水系统 （b）旋流式排水系统 （c）高奇马排水系统

图 4-5 高层建筑新型排水系统

1—接头；2—弯头

上述三种排水系统，我国已开始用于高层建筑。由于配件的单价和安装现行定额缺项，接头和弯头配件按实计价，安装可按实计算，也可借用相近定额子目应用，但最好是编补充定额。

3. 栓类、阀门及水表组安装工程量计算

注意：本处所指栓类、阀类及水表安装适用于生活给水排水，不适用于工业生产管道。生活管道用《全国统一安装工程预算定额》GYD—208—2000 定额，工业管道用《全国统一安装工程预算定额》GYD—206—2000 定额。

(1) 各种阀门安装

以螺纹连接、法兰连接分类，不论型号，均按规格的大小为档次，以“个”计量。

各种阀门应明确表述类型、材质、型号规格、连接方式，以便于投标人报价。阀门类型、型号规格、连接方式等通常用字符表示，表示方式如图 4-6 所示，相关代号见表 4-13～表 4-18。

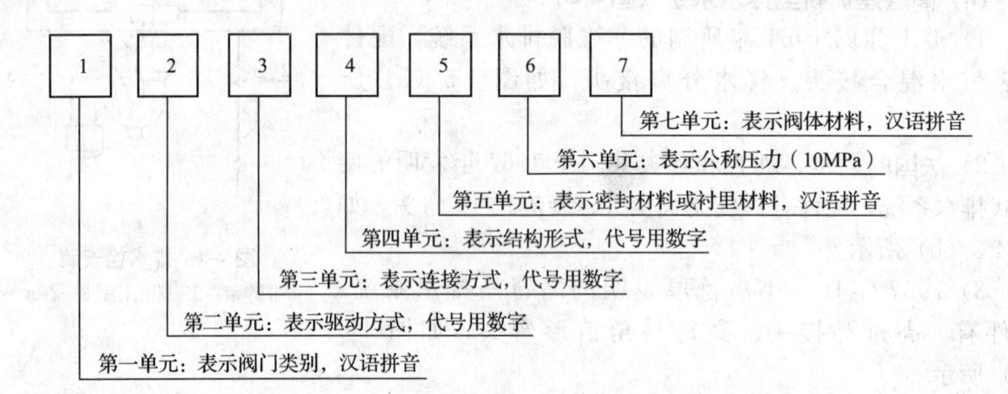

图 4-6 阀门类型、型号规格、连接方式、字符表示图

表 4-13 第一单元“阀门类别”代号表

类别	代号	类别	代号
闸阀	Z	止回阀	H
截止阀	J	蝶阀	D
节流阀	L	疏水阀	S
隔膜阀	G	安全阀	A
球阀	Q	减压阀	Y
旋塞	X		

表 4-14 第二单元“驱动方式”代号表

方式	代号	方式	代号
电磁动	0	伞齿轮	5
电磁一液动	1	气动	6
电一液动	2	液动	7
涡轮	3	气一液动	8
正齿轮	4	电动	9

注：对于直接传动的阀门或自动阀门则省略本单元。

表 4-15 第三单元“连接方式”代号表

连接形式	代 号	连接形式	代 号
内螺纹	1	焊接	6
外螺纹	2	对夹	7
法兰	3	卡箍	8
法兰	4	卡套	9
法兰	5		

注：法兰连接代号 3 仅用于双弹簧安全阀，法兰连接代号 5 仅用于杠杆式安全阀。

表 4-16 第四单元“结构形式”代号表

结构形式	1	2	3	4	5	6	7	8	9	0
闸阀	明杆楔式单闸板	明杆楔式双闸板	明杆平行式单闸板	明杆平行式双闸板	暗杆楔式单闸板	暗杆楔式双闸板	暗杆平行式单闸板	暗杆平行式双闸板		
截止阀节流阀	直通式			角式	直流式	平衡直通式	平衡角式			
蝶阀	垂直板式		斜板式							杠杆式
隔膜阀	直通式		截止式				闸板式			
旋塞阀	直通式	调节式	填料直通式	填料三通式	填料四通式		油封式	油封三通式		
止回阀	升降直通式	升降立式		旋启单瓣式	旋启多瓣式	旋启双瓣式				
弹簧安全阀	封闭、微启式	封闭、全启式	封闭带扳手微启式	封闭带扳手全启式			带扳手微启式	带扳手全启式		
杠杆式安全阀	单杠杆微启式	单杠杆全启式	双杠杆微启式	双杠杆全启式						
减压阀	外弹簧薄膜式	内弹簧薄膜式	活塞式	波纹管式	杠杆弹簧式	气垫薄膜式				

表 4-17　第五单元“密封材料或衬里材料”代号表

材　料	代　号	材　料	代　号
铜	T	衬铅	Q
橡胶	X	搪瓷	C
合金钢	H	尼龙	N
渗碳钢	D	衬胶	J
巴氏合金	B	氟塑料	F
硬质合金	Y	渗硼钢	P
铝合金	L	阀体直接加工	W

表 4-18　第七单元“阀体材料”表

材　料	代　号	材　料	代　号
灰铸铁	Z	铬钼合金钢	I
可锻铸铁	K	铬镍钛钢	P
墨球铸铁	Q	铝合金	L
铜合金	T	铅合金	B
碳钢	C		

(2) 水表组成安装

螺纹水表安装，包括表前阀门安装，以“个”计量；焊接法兰水表组成安装以“组”计量，包括闸阀、止回阀及旁通阀安装，如图 4-7 所示。

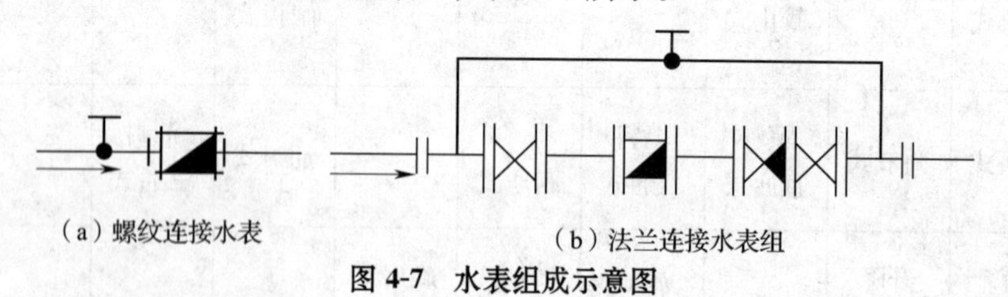

图 4-7　水表组成示意图

(3) 法兰盘安装

按碳钢法兰和铸铁法兰及焊接与丝接分类，以管道公称直径分档，以“副”计量。2片法兰为一“副”。管道端头堵板可按“半副”法兰安装。

(4) 室内双出口及单出口消火栓安装

不分明装、暗装、半暗装的室内消火栓或试验消火栓，按不同公称直径，以“套”计量，使用《全国统一安装工程预算定额》GYD—207—2000 中“水灭火系统安装”相应子目。

“成套消火栓”主要材料包括：消火栓结门（SN，CNAJO、65）1 个；消火栓箱 1 个；水龙带架 1 套；水龙带（苎麻质单出口 20m，双出口 40m）1 根或 2 根；消火栓接扣 1 个或 2 个；水枪，单出口（*DN*50）1 支，双出口（*DN*65）2 支及消防按钮 1 只，如图 4-8 所示。

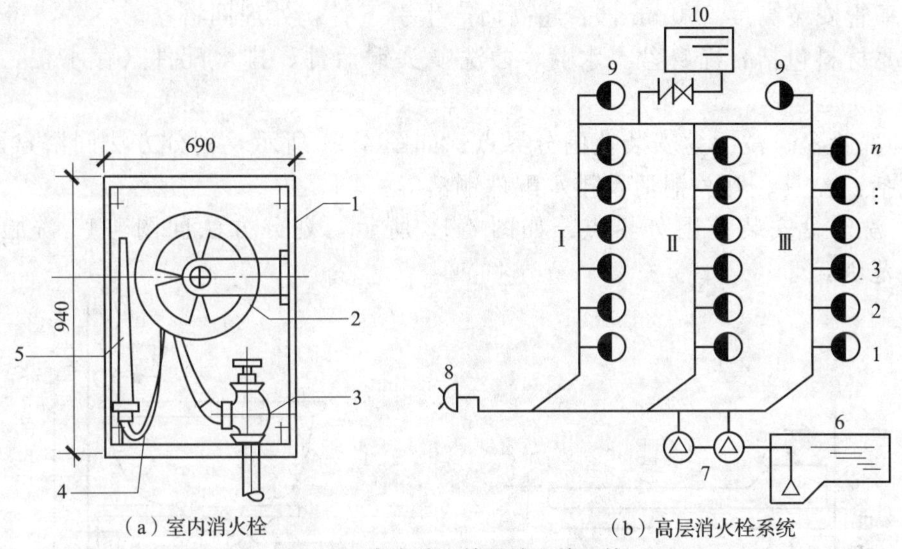

（a）室内消火栓　（b）高层消火栓系统

图 4-8　室内消火栓及消火栓系统

1—消火栓箱体；2—消火栓水龙带盘；3—消火栓；4—水龙带；5—水枪；
6—水池；7—消防水泵；8—接合器；9—试验消火栓；10—水箱

4. 卫生器具安装工程量计算

(1) 盆类安装

浴盆、妇女净身盆、洗脸盆、洗手盆、洗涤盆和化验盆等，按所用冷水、热水及盆的材质分档次，以“组”计量。

1）浴盆安装范围分界点：给水（冷、热）水平管与支管交接处及排水管存水弯（柜）处，如图 4-9 中点划线所示范围。图中水平管安装高度 750mm，若水平管设计标高超过 750mm，冷热水水嘴需增加引下管，将该引下管计算入管道安装中。

浴盆主要材料包括：浴盆、冷热水水嘴或冷热水混合水嘴、排水配件、蛇形管带喷头、喷头卡架和喷头挂钩等。

浴盆的支架及四周侧面砌砖、粘贴的瓷砖，应按建筑工程定额计算。

2）妇女净身盆安装范围分界点：给水（冷、热）水平管与支管交接处及排水管在存水弯（柜）处，如图 4-10 所示的点划线。

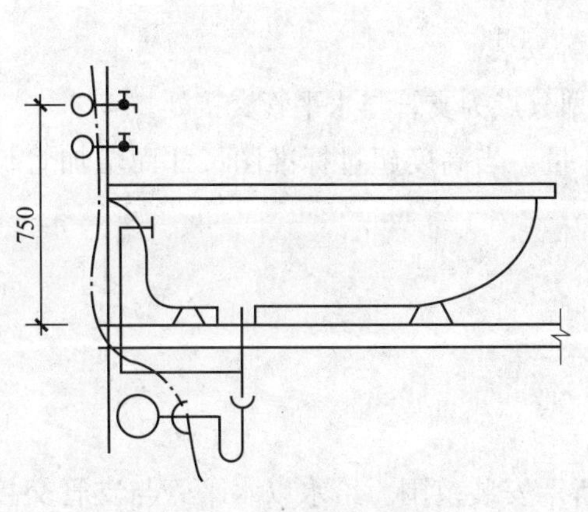

图 4-9　浴盆安装范围

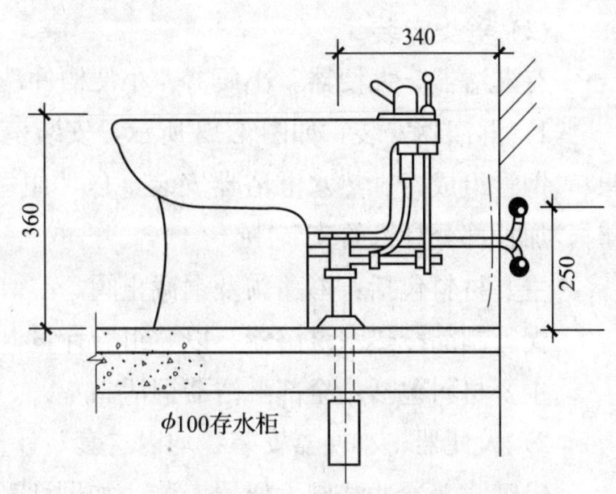

图 4-10　妇女净身盆安装范围

水平管安装高度 250mm，若超高而产生引下管，处理同浴盆。

主要材料包括：净身盆、水嘴、冲洗喷头铜活件、排水配件（存水柜、直管）等。

3）洗脸盆、洗手盆安装范围分界点：如图 4-11 所示，划分方法同浴盆。主要材料包括：盆具、开关铜活及排水配件铜活等。

4）洗涤盆安装范围分界点：如图 4-12 所示，划分方法同图 4-11 洗脸（手）盆安装范围。

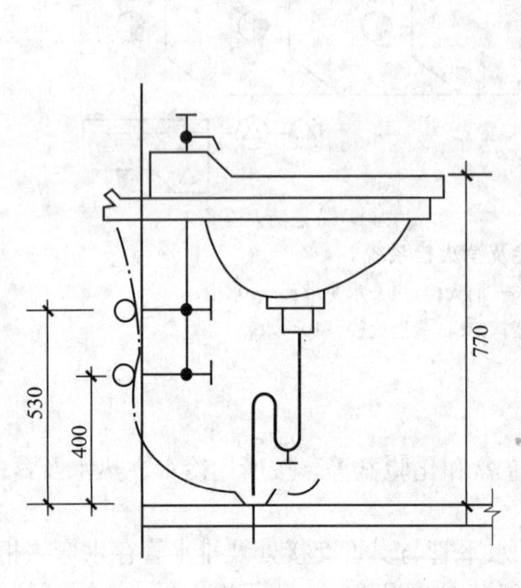

图 4-11 洗脸（手）盆安装范围

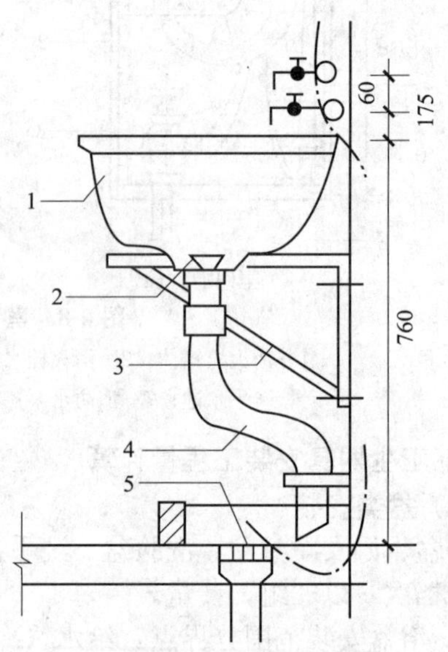

图 4-12 洗涤盆安装范围

1—洗涤盆；2—排水栓；3—托架；4—排水弯管；5—地漏

安装工作包括：上下水管连接，试水，安装洗涤盆、盆托架，不包括地漏安装。

主要材料包括：洗涤盆 1 个、开关（水嘴）及弯管。

(2) 器类安装

有淋浴器、大便器、小便器、小便槽冲洗管等安装。

1）淋浴器安装：如图 4-13 所示，安装范围划分点为支管与水平管交接处。

钢管组成冷、热水淋浴器安装，以“组”计量。当高度超过标准图尺寸而增加管长时，加长部分计入管安装中。

主要材料包括：淋蓬头及铜截止阀。

铜管制品冷热水淋浴器，以“组”计量。

主要材料包括：全部淋浴器铜活。

2）大便器、小便器安装：均以“套”计量。

①蹲式普通冲洗阀大便器安装，如图 4-14 所示安装范围。给水以水平管与支管交接处，排水管以存水弯交接处为安装范围划分点。

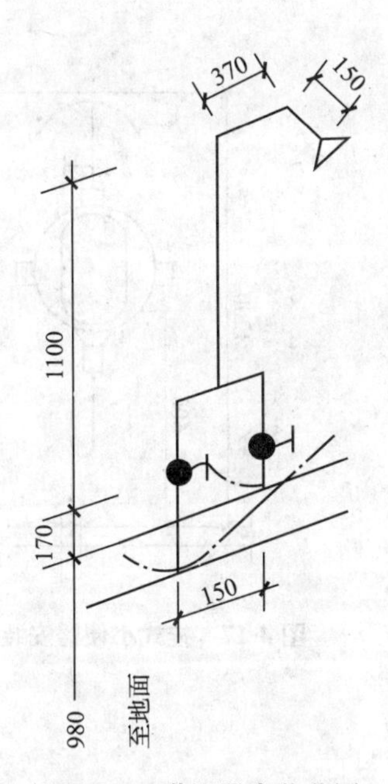

图 4-13 淋浴器安装范围

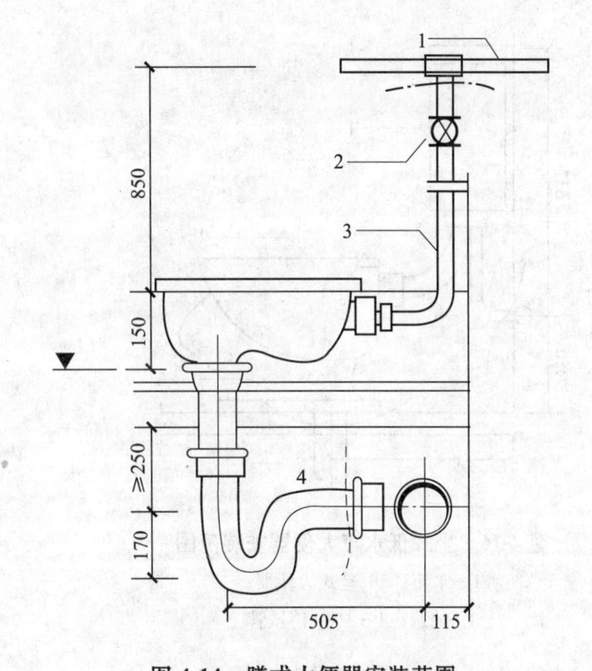

图 4-14 蹲式大便器安装范围

1—水平管；2—DN25 普通冲洗阀；3—DN25 冲洗管；4—DN100 存水弯

主要材料包括：大便器 1 个。

②手押阀冲洗和延时自闭式冲洗阀蹲式大便器安装，均以“套”计量。安装范围划分点同普通冲洗阀蹲式大便器。

主要材料包括：大便器 1 个，DN25 手押阀 1 个或 DN25 延时自闭式冲洗阀 1 个。

③高水箱蹲式大便器安装：以“套”计量，安装范围划分如图 4-15 所示。

主要材料包括：水箱及全部配件铜活 1 套，大便器 1 个。

④坐式低水箱大便器安装，以“套”计量，安装范围划分如图 4-16 所示。

主要材料包括：坐式大便器及带盖、配件铜活 1 套；瓷质低水箱（或高水箱）带配件铜活 1 套。

当安装排水管软管接头时，按实计算。

⑤普通挂式小便器安装：以“套”计量，安装范围划分点：水平管与支管交接处，如图 4-17 所示。

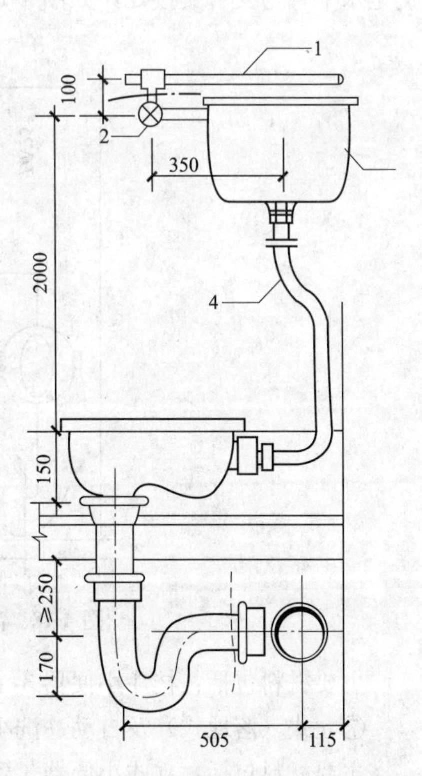

图 4-15 高水箱蹲式大便器安装范围

1—水平管；2—DN15 进水阀；3—水箱；4—DN25 冲洗管

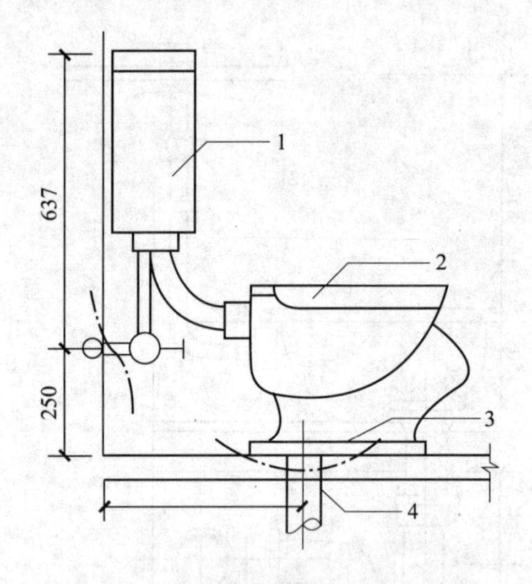

图 4-16 坐式低水箱大便器安装范围

1—水箱；2—坐式大便器；

3—油灰；4—ϕ100 铸铁管

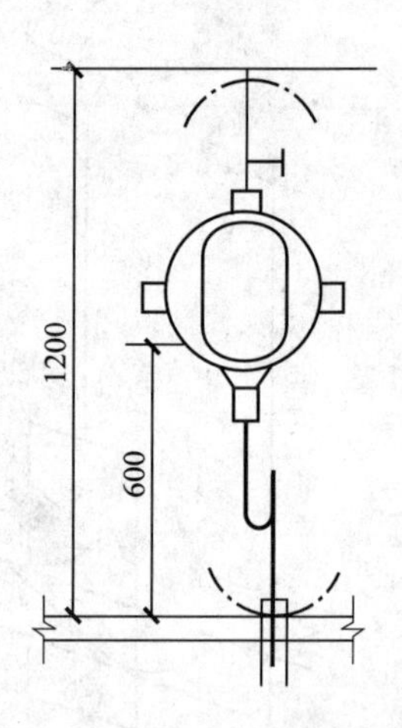

图 4-17 挂式小便器安装范围

主要材料：小便器及铜活全套。

⑥挂斗式自动冲洗水箱“两联”、“三联”挂斗小便器安装：以“套”计量，安装范围仍是水平管与支管交接处，如图 4-18 所示。

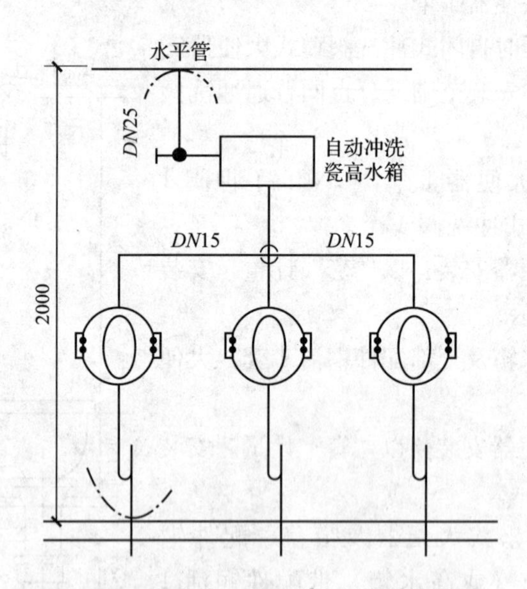

图 4-18 高水箱三联挂斗小便器安装范围

主要材料包括：挂斗小便器 3 个；瓷质高水箱 1 套，或配件铜活全套。

⑦立式（落地式）及自动冲洗小便器安装：如图 4-19 所示，以“套”计量。

主要材料包括：立式小便器、瓷质高水箱、配件铜活全套。

a. 小便器电感应自冲洗开关安装：以“套”计量，按实计算。

b. 小便槽冲洗管制作安装：分别计算工程量，如图 4-20 所示。多孔冲洗管按“m”

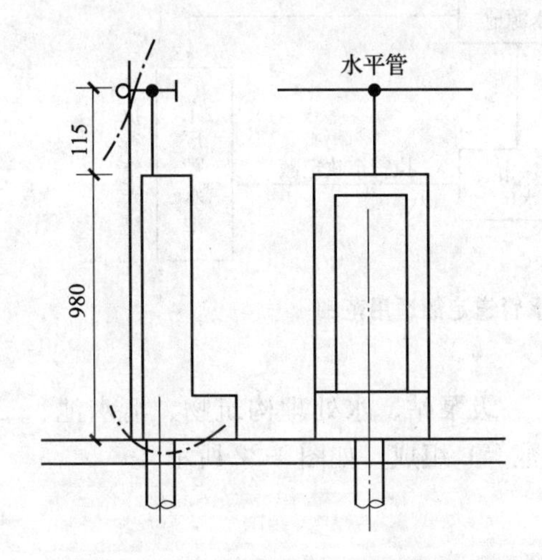

图 4-19 立式（落地式）小便器安装范围

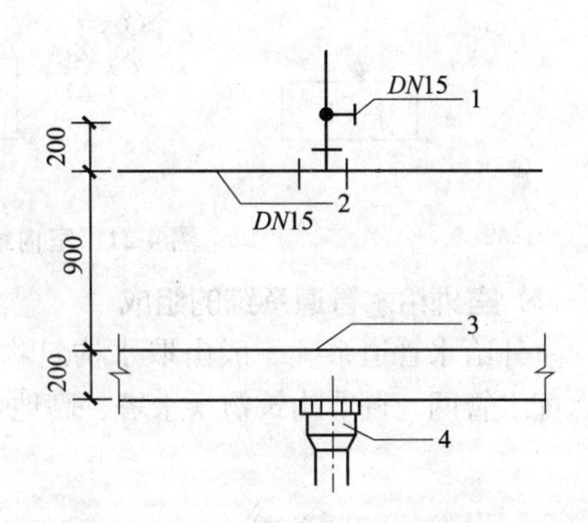

图 4-20 小便槽安装范围

1—DN15 截止阀；2—DN15 多孔冲洗管；3—小便槽踏步；4—地漏

计量，用相应子目。控制阀门计算在管网阀门中，以“个”计量。地漏以“个”计量。

c. 插电式、电池式暗装感应小便阀或大便阀，均以“套”计算工程量。在电气工程中应计算暗盒安装、端子板外接线和校接线的安装。

(3) 水龙头安装

1）一般水龙头安装，以直径分档，以“个”计量。

2）插电式感应、电池式感应、调温式感应等水龙头，均以“套”计量。在电气工程量计算时，应计算暗盒安装及端子板外接线和校接线安装。

(4) 水加热设备安装

1）电热水器及电开水炉安装：电开水炉、电热水器安装包括挂式和立式两种，均以“台”计量。

RS 型热水型，KS 型开水炉，属局部热水及开水供应设备，安装范围以阀门为界。电开水炉及电热水器为主要材料。

2）集中水加热器：容积式热交换水加热器安装以号数分档，以“台”计量。安装范围以加热器各接口法兰盘为界。卧式、立式均同。

主要材料包括：容积式水加热器 1 台。

4.3.2 室外给水排水工程量计算规则

1. 室外给水管道系统组成

(1) 室外给水管道定额所属范围

室内给水管道定额适用范围如图 4-21 所示。

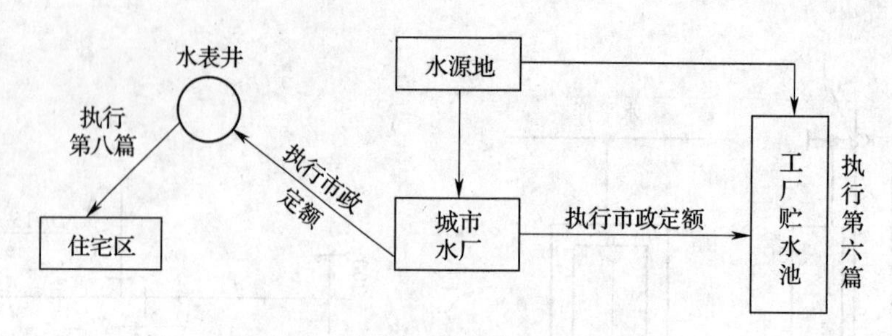

图 4-21 室内给水管道定额适用范围

(2) 室外给水管道系统的组成

室外给水管道系统一般由取水构筑物、一级泵站、水处理构筑物、清水池、二级泵站、配水管网、调节构筑物（水塔、高地水池等）组成，如图 4-22 所示。

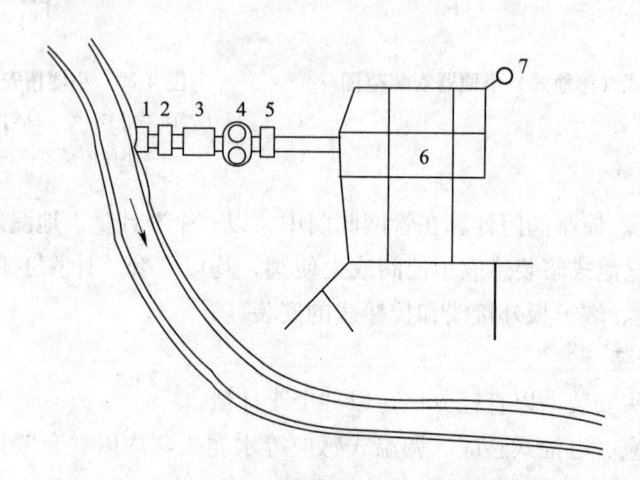

图 4-22 室外给水管道系统示意图

1—取水构筑物；2—一级泵站；3—水处理构筑物；4—清水池；
5—二级泵站；6—配水管网；7—调节构筑物

(3) 室外给水管道安装工程量计算

按施工图所示管道中心线长度，以“m”计量，不扣除阀门、管件所占长度。

与室内给水管道界线：进户第一个水表井处，或外墙皮外 1.5m 处，以及与市政给水干管交接处为界点。

室外铸铁给水管道安装，包括管接头零件安装，但接头零件价值按设计数量另计。

(4) 室外给水管道栓、阀、表的安装

1）阀门安装以螺纹、法兰连接分类，以直径大小分档次，以“个”计量。法兰盘安装以“副”计量。

2）水表安装计量同室内给水管道水表安装。

3）室外消火栓安装，如图 4-23 所示。

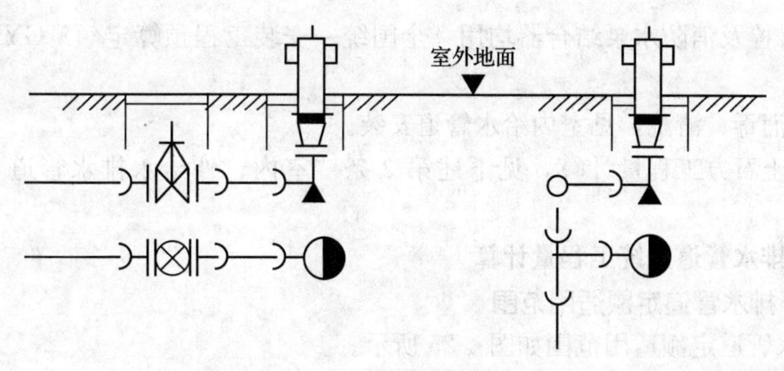

（a）室外地上式

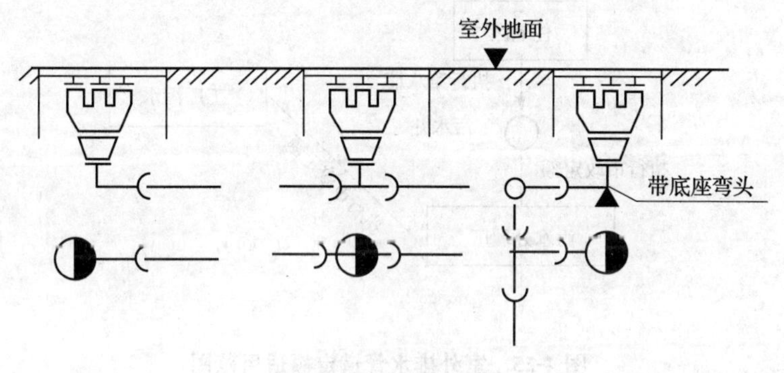

（b）室外地下式

图 4-23 室外消火栓

分地上式、地下式两类。以压力 MPa 和埋深分档，以“组”计量。

消火栓安装的短管、三通不包括在定额内，按实计算，消火栓价值也另计。

4）消防水泵接合器安装，以“套”计量，如图 4-24 所示。定额不包括接合器前闸阀、止回阀、安全阀等，其接合器价值另计。

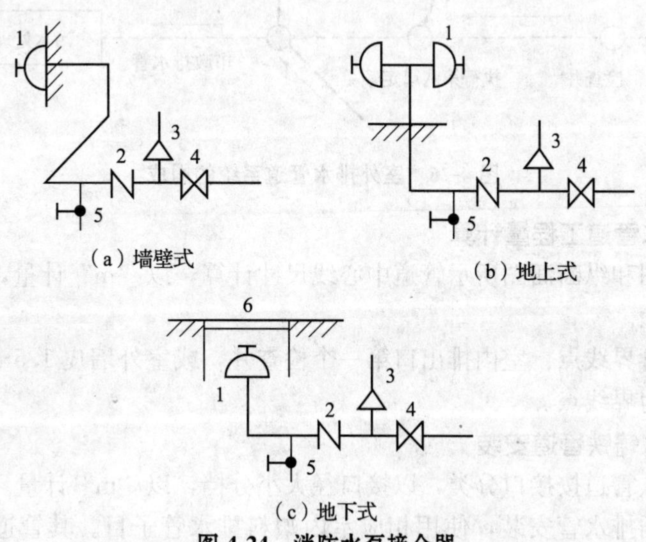

图 4-24 消防水泵接合器

1—消防接口；2—止回阀；3—安全阀；4—阀门；5—放水阀；6—井盖

室外消火栓及消防水泵结合器均用《全国统一安装工程预算定额》GYD—207—2000定额。

5）管道消毒、清洗，见室内给水管道安装。

6）管道土石方工程量计算，见下述第3条“室内、外给水排水管道土方工程量计算”。

2. 室外排水管道系统工程量计算

（1）室外排水管道定额适用范围

室外排水管道定额适用范围如图4-25所示。

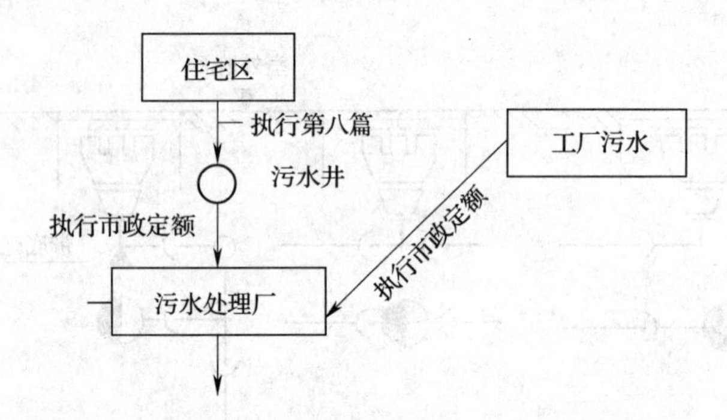

图4-25 室外排水管道定额适用范围

（2）室外排水管道系统的组成

室外排水管道系统的组成如图4-26所示。

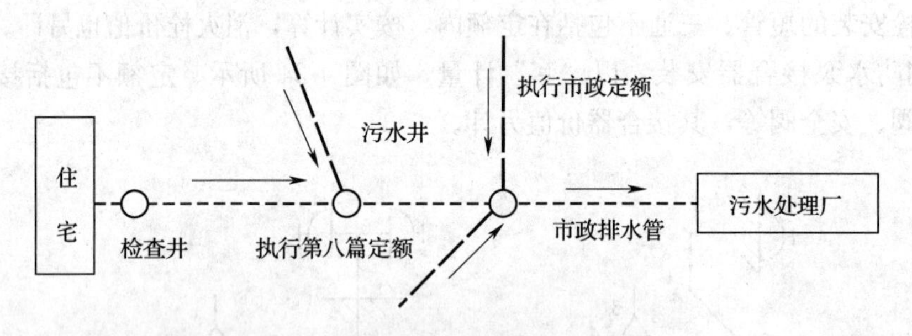

图4-26 室外排水管道系统的组成

（3）室外排水管道工程量计算

以施工平面图和纵断面图所示管道中心线尺寸计算，以“m”计量，窨井、管道连接件所占长度不扣除。

与室内排水管界线点：室内排出口第一个检查井，或室外墙皮1.5m处，以及与市政排水干管交接处为界线点。

（4）室外排水铸铁管道安装

室外排水铸铁管道按接口分类，以接口径大小分档，以“m”计量。

室外塑料承插排水管安装，使用相应室内塑料排水管子目。其管道和管件为主要材料。

(5) 室外混凝土及钢筋混凝土排水管道安装

按当地土建定额规定计算及使用定额。

(6) 检查井、污水池、化粪池等构筑物

按当地土建定额规定计算及使用定额。

3. 室内、外给水排水管道土方工程量计算

室内、外管道土石方，安装定额中不列此项定额，按各地土建定额应用，工程量可按下述方法计算。

(1) 管沟挖方量计算

管沟挖方量按下式计算，如图 4-27 所示。

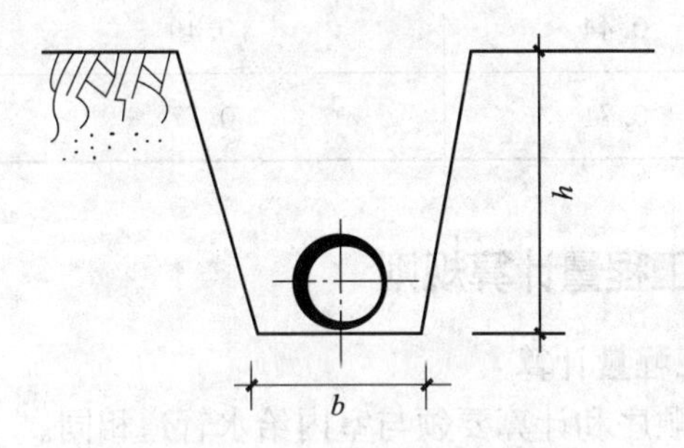

图 4-27 管道沟底宽取值

$$V = h(b + 0.3h)l \tag{4-4}$$

式中 h——沟深，按设计管底标高计算；

b——沟底宽；

l——沟长；

0.3——放坡系数。

沟底宽有设计尺寸时，按设计尺寸取值，无设计尺寸时，按表 4-19 取值。

表 4-19 管道沟底宽取值

管径 *DN*（mm）	铸铁、钢、石棉水泥管道沟底宽（m）	混凝土、钢筋混凝土管道沟底宽（m）
50～75	0.60	0.80
100～200	0.70	0.90
250～350	0.80	1.00
400～450	1.00	1.30
500～600	1.30	1.50
700～800	1.60	1.80
900～1000	1.80	2.00

计算管沟土石方量时，各种检查井和排水管道接口处沟加宽，而多挖土石方工程量不增加。但铸铁给水管道接口处操作坑工程量应增加，按全部给水管沟土方量的 2.5%计算加宽量。

(2) 管道沟回填土工程量

1) DN500 以下的管沟回填土方量不扣除管道所占体积。

2) DN500 以上的管沟回填土方量按表 4-20 所列数值扣除管道所占体积。

表 4-20 管道占回填土方量扣除表

管径 DN（mm）	钢管道占回填土方量（$m^3 \cdot m^{-1}$）	铸铁管道占回填土方量（$m^3 \cdot m^{-1}$）	混凝土、钢筋混凝土管道占回填土方量（$m^3 \cdot m^{-1}$）
500～600	0.21	0.24	0.33
700～800	0.44	0.49	0.60
900～1000	0.71	0.77	0.92

4.3.3 采暖供热安装工程量计算规则

1. 采暖、热水管道工程量计算

管道工程量计算总的顺序和计算要领与室内给水管道相同。

(1) 采暖、热水管道安装工程量

按图示管道中心线长度计算，以“m”计量，不扣除阀门、管件及伸缩器所占长度，应扣除暖气片所占长度。

管道安装工作包括：管道揻弯、焊接、试压等，以及管道的支架、托架、吊架、管卡的制作与安装。室内采暖、供热管道安装与室内给水管道相同。

穿墙及过楼板套管计算同给水管道。

(2) 管道安装

同给水管道。

1) 采暖、热水管道刷油工程量也是按采暖、热水管道制作安装平方米数计算。按设计要求涂刷漆种和遍数使用相应定额。

①单面刷漆时：

$$\text{刷油工程量}=\text{定额消耗量}\times 1.2 \tag{4-5}$$

②内外同时刷时：

$$\text{刷油工程量}=\text{定额消耗量}\times 1.1 \tag{4-6}$$

其法兰、加固框、吊架、托架、支架均包括在此系数内。

2) 采暖、热水管道部件刷油工程量，以“100kg”计量。

$$\text{刷油工程量}=\text{部件质量}\times 1.15 \tag{4-7}$$

(3) 管道冲洗工程量 管道冲洗工程量同给水管道。

2. 管道补偿器安装工程量计算

(1) 方形补偿器制作安装

方形补偿器的制作与安装以“个”计量，其管材长度应计入管道工程量中，有图纸尺寸时按图纸尺寸计算，无图纸尺寸时可按表 4-21 计算。

表 4-21　方形补偿器每个长度表　　单位：m

方形补偿器型式	补偿器管直径 DN（mm）						
	25	50	100	150	200	250	300
	0.6	1.2	2.2	3.5	5.0	6.5	8.5
	0.6	1.1	2.0	3.0	4.0	5.0	6.0

（2）螺纹法兰套筒补偿器、焊接法兰套筒补偿器、波型补偿器安装

均以“个”计量，用《全国统一安装工程预算定额》GYD—208—2000 相应定额。

3. 阀门安装工程量

均以“个”计量，与给水管道相同。

4. 低压器具的组成与安装工程量

采暖、热水工程中低压器具是指减压器和疏水器。

（1）减压器安装

按连接方式（螺纹连接或焊接）和公称直径不同，分别以“组”计算。其中公称直径以高压侧管道公称直径为准。设计与定额组成的阀门、压力表数量不同时，可以调整，其余不变。组成形式如下：

1）热水系统减压器装置，如图 4-28 所示。

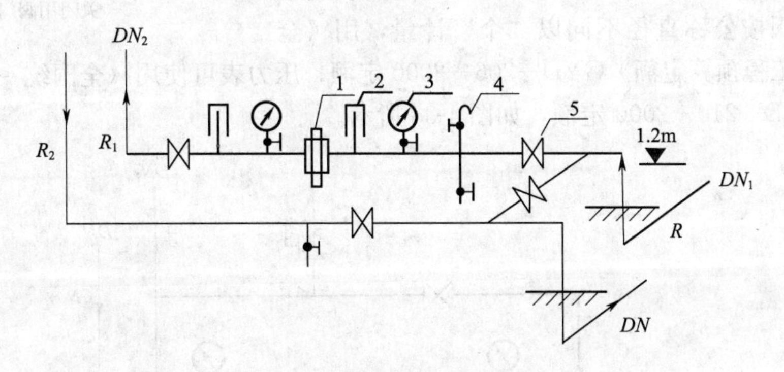

图 4-28　热水系统减压装置

1—调压板；2—温度计；3—压力表；4—除污器；5—阀门

2）蒸汽凝结水管减压装置，如图 4-29 所示。其中减压阀为主要材料，可为膜片式、活塞式、波纹式和薄膜式。阀前管径与减压阀同径，阀后管径比减压阀大 2 号。

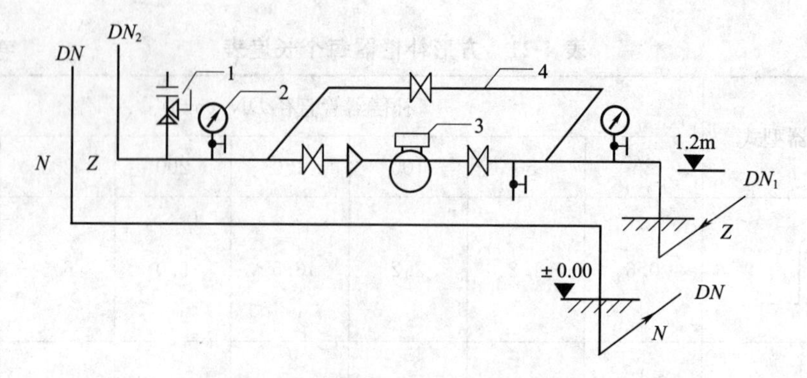

图 4-29　蒸汽凝结水管减压装置

1—安全阀；2—压力表；3—减压阀；4—旁通管

3）蒸汽凝结水管不带减压阀装置，如图 4-30 所示。

4）蒸汽凝结水管另一种形式减压装置，如图 4-31 所示。

（2）疏水器装置安装

按连接方式和公称直径的不同，分别以“组”计算。其中阀门不同时可以调整。疏水器可为浮筒式、倒吊桶式、热动力式、脉冲式。

1）疏水器不带旁通管，如图 4-32（a）所示。

2）疏水器带旁通管，如图 4-32（b）所示。

3）疏水器带滤清器时，滤清器安装另计，如图 4-32（c）所示。

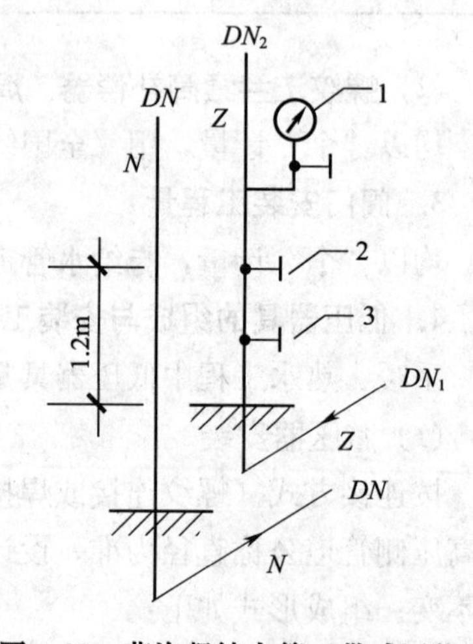

图 4-30　蒸汽凝结水管不带减压装置

1—压力表；2—调节用阀门；3—关闭用阀门

（3）单体安装

减压器、疏水器单体安装按同管径阀门安装定额使用；安全阀按公称直径不同以“个”计量，用《全国统一安装工程预算定额》GYD—206—2000 定额；压力表可使用《全国统一安装工程预算定额》GYD—210—2000 定额，如图 4-33 所示。

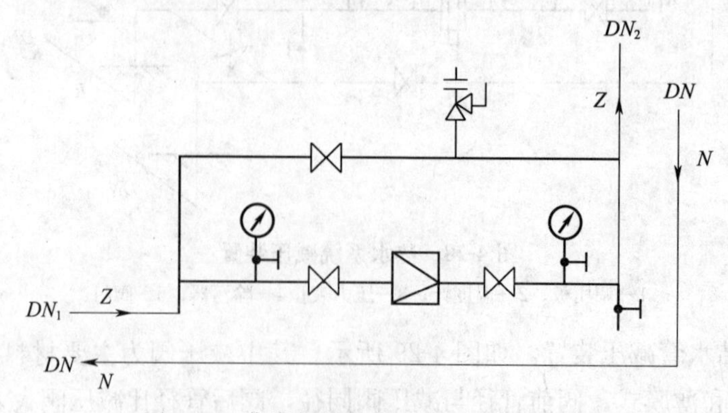

图 4-31　蒸汽凝结水管减压装置另一形式

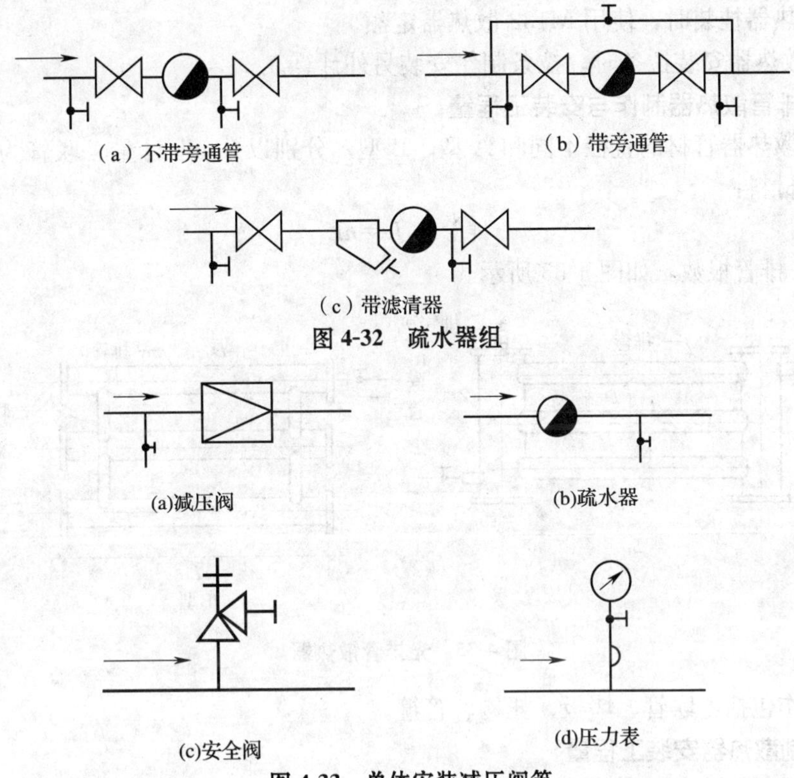

图 4-32 疏水器组

图 4-33 单体安装减压阀等

5. 供暖器具安装工程量

(1) 铸铁散热器（四柱、五柱、翼型、M132）安装工程量

均以“片”计量。如图 4-34 所示。

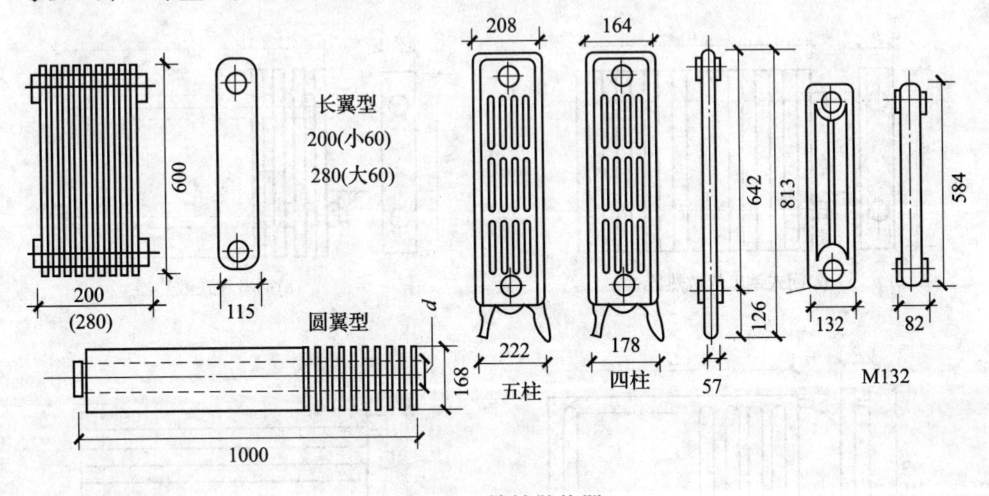

图 4-34 铸铁散热器

安装工作包括：制垫、加垫、组成、栽钩、稳固、打眼、堵眼、水压试验。

主要材料包括：散热片，托钩、挂钩制作，安装定额已包括，但是要计算其材料数量。

柱形散热器挂装时，使用 M132 散热器定额。

M132 散热器安装拉条时，拉条制作安装另外计算。

(2) 光排管散热器制作与安装工程量

按制作散热器管材的直径不同和 A 型、B 型，分别以“m”计量。联管为次要材料，排管为主要材料：

$$排管长\ L = nL_1 \tag{4-8}$$

式中 n——排管根数，如图 4-35 所示。

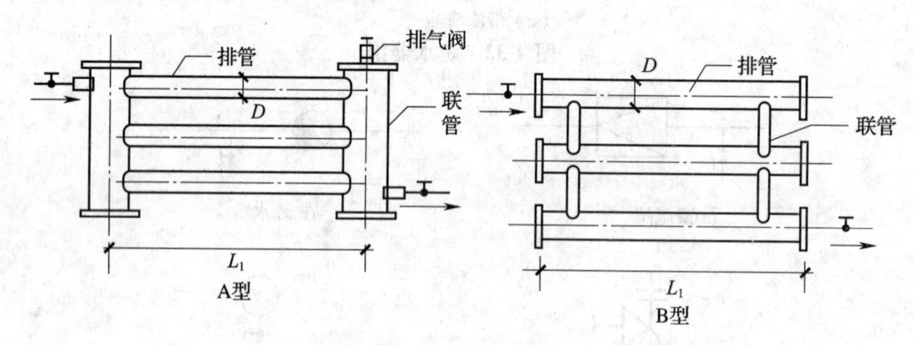

图 4-35 光排管散热器

安装工作包括：联管、堵板、托钩、管箍。

(3) 钢制散热器安装工程量

如图 4-36 所示，钢制闭式散热器安装，以“片”计量；钢制板式散热器安装，以“组”计量；钢制壁式散热器安装，以“组”计量；钢制柱式散热器安装，以“组”计量。超过 12 片以上柱式散热器，另编补充定额执行；钢、铝串片式散热器，钢制折边对流辐射式散热器，定额未列，另编补充定额执行。

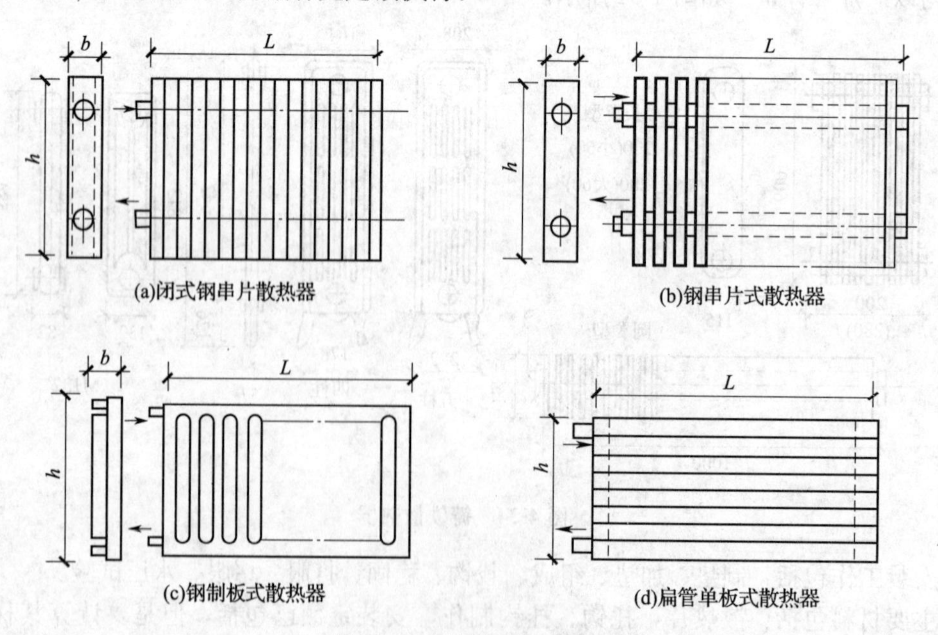

图 4-36 钢制散热器外形

上述的散热器本身价值另计。闭式、板式、壁板式定额包括托钩制作与安装，不包括托钩材料价值。

（4）暖风机和热空气幕安装　按质量不同，分别以“台”计量。暖风机和热空气幕的钢支架制作与安装，以“100kg”计量，使用《全国统一安装工程预算定额》GYD—208—2000 定额有关子目。与暖风机和热空气幕相连的管、阀、疏水器应另行计算。

6. 小型容器制作安装工程量

（1）各种类型的钢钣水箱制作

按每个质量的不同分档，以“100kg”计量。

制作工作包括：放样、下料、组对、焊接、配装部件、注水试验。水箱钢材为主要材料，按下式计算：

$$水箱材料价值=\sum[按图计算各型材净用量\times(1+5\%损耗)]\times各型材相应单价 \tag{4-9}$$

水箱制作不包括除锈与油漆，必须另列项计算。水箱内刷樟丹 2 遍，外部刷樟丹漆 1 遍及调和漆 2 遍。

水箱还不包括法兰、短管、水位计、内外人梯安装或制作，另立项计算。

（2）水箱安装工程量

1）补水箱、膨胀水箱、矩形和圆形钢钣水箱的安装以容积（m^3）不同分档，按“个”计量。

水箱安装工作包括：水箱稳固、装配件（外人梯、内人梯）、水压试验。

水箱安装工作不包括：与水箱连接的进、出水管安装，计算到相应管道中；水箱水位计安装，以“台”计量；水箱支架制作与安装，用《全国统一安装工程预算定额》GYD—208—2000 相应定额；砖、混凝土、钢筋混凝土和木质支架，均用土建定额。

2）集气罐、分气缸制作与安装：制作以“100kg”计量，安装以“个”计量，使用《全国统一安装工程预算定额》GYD—206—2000 中“其他”的相应定额。

3）除污器制作安装：制作用《全国统一安装工程预算定额》GYD—206—2000 定额集气罐项目；组成安装时用《全国统一安装工程预算定额》GYD—206—2000 定额相应子目；单独安装时用《全国统一安装工程预算定额》GYD—206—2000 相同口径的阀门安装定额。

7. 采暖系统调试

采暖工程系统调试费，按采暖工程人工费的 15%计取。其中人工工资占 20%，作为计费基础。属定额综合系数。

4.4　水暖工程工程量计算常用资料

4.4.1　钢材理论质量简易计算公式

1. 圆钢质量

$$圆钢每米质量(kg)=0.00617\times直径(mm)\times直径(mm) \tag{4-10}$$

0.617kg 为直径为 10mm 钢筋的理论质量，只需要记住直径为 10mm 钢筋的理论质量即可。其他的直径 12mm 及以下的保留三位小数；直径 12mm 以上的保留两位小数；保留时候 6 舍 7 入。直径 40mm 以下的用此方法计算都很准确。

2. 方钢质量

方钢每米质量（kg）=0.00786×边宽（mm）×边宽（mm） (4-11)

3. 六角钢质量

六角钢每米质量（kg）=0.0068×对边直径（mm）×对边直径（mm） (4-12)

4. 八角钢质量

八角钢每米质量（kg）=0.0065×直径（mm）×直径（mm） (4-13)

5. 螺纹钢质量

螺纹钢每米质量（kg）=0.00617×直径（mm）×直径（mm） (4-14)

6. 角钢质量

角钢每米质量（kg）=0.00786×［边宽（mm）+边宽（mm）−边厚（mm）］×边厚（mm） (4-15)

7. 扁钢质量

扁钢每米质量（kg）=0.00785×厚度（mm）×宽度（mm） (4-16)

8. 无缝钢管质量

无缝钢管每米质量（kg）=0.02466×壁厚（mm）×［外径（mm）−壁厚（mm）］ (4-17)

9. 电焊钢质量

电焊钢每米质量（kg）=无缝钢管每米质量（kg） (4-18)

10. 钢板质量

钢板每平方米质量（kg）=7.85×厚度（mm） (4-19)

11. 黄铜管质量

黄铜管每米质量（kg）=0.02670×壁厚（mm）×［外径（mm）−壁厚（mm）］(4-20)

12. 紫铜管质量

紫铜管每米质量（kg）=0.02796×壁厚（mm）×［外径（mm）−壁厚（mm）］(4-21)

13. 铝花纹板质量

铝花纹板每平方米质量（kg）=2.96×厚度（mm） (4-22)

14. 有色金属密度

1）紫铜板为 8.9g/cm³。

2）黄铜板为 8.5g/cm³。

3）锌板为 7.2g/cm³。

4）铅板为 11.37g/cm³。

15. 有色金属板材质量

每平方米质量（kg）=密度（g/cm³）×厚度（mm） (4-23)

4.4.2 主要材料损耗率

主材与辅材损耗率在基础定额中已经考虑，预算定额不再重复；基础定额没考虑的保持原《全国统一安装工程预算定额》GYD—208—2000 定额损耗率，新增的项目保持原定额损耗率。

1. 损耗率的内容和范围

1）从工地仓库，现场堆放地点或现场加工点至安装地点的运输损耗。

2）施工操作损耗。

3）施工现场堆放损耗。

2. 主要材料、器具损耗率取定值

主要材料、器具损耗率见表4-22。

表4-22　主要材料、器具损耗率表

序号	名　称	损耗率（%）	序号	名　称	损耗率（%）
1	室外钢管（丝接、焊接）	1.5	26	大便器	1.0
2	室内钢管（丝接）	2.0	27	瓷高低水箱	1.0
3	室外钢管（焊接）	2.0	28	存水弯	0.5
4	室内煤气用钢管（丝接）	2.0	29	小便器	1.0
5	室外排水铸铁管	3.0	30	小便槽冲洗管	2.0
6	室内排水铸铁管	7.0	31	喷水鸭嘴	1.0
7	室内塑料管	2.0	32	立式小便器配件	1.0
8	铸铁散热器	1.0	33	水箱进水嘴	1.0
9	光排管散热器制作用钢管	3.0	34	高低水箱配件	1.0
10	散热器对丝及托钩	5.0	35	冲洗管配件	1.0
11	散热器补芯	4.0	36	钢管接头零件	1.0
12	散热器丝堵	4.0	37	型钢	5.0
13	散热器胶垫	10.0	38	单管卡子	5.0
14	净身盆	1.0	39	带帽螺栓	3.0
15	洗脸盆	1.0	40	木螺钉	4.0
16	洗手盆	1.0	41	锯条	5.0
17	洗涤盆	1.0	42	氧气	17.0
18	立式洗脸盆铜活	1.0	43	乙炔气	17.0
19	理发用洗脸盆铜活	1.0	44	铅油	2.5
20	脸盆架	1.0	45	清油	2.0
21	浴盆排水配件	1.0	46	机油	3.0
22	浴盆水嘴	1.0	47	沥青油	2.0
23	普通水嘴	1.0	48	橡胶石棉板	15.0
24	丝扣阀门	1.0	49	橡胶板	15.0
25	化验盆	1.0	50	石棉绳	4.0

续表 4-22

序号	名　称	损耗率（%）	序号	名　称	损耗率（%）
51	石棉	10.0	59	水泥	10.0
52	青铅	8.0	60	砂子	10.0
53	铜丝	1.0	61	胶皮碗	10.0
54	锁紧螺母	6.0	62	油麻	5.0
55	压盖	6.0	63	线麻	5.0
56	焦炭	5.0	64	漂白粉	5.0
57	木柴	5.0	65	油灰	4.0
58	红砖	4.0			

4.4.3 给水排水工程常用资料

1. 常见铸铁管规格

常见铸铁管规格见表 4-23。

表 4-23　常见铸铁管规格

给水砂型立式铸铁直管					排水铸铁承插口直管			
公称内径（mm）	外径（mm）	壁厚（mm）	管长（mm）	质量（kg/根）	内径（mm）	壁厚（mm）	管长（m）	质量（kg/根）
—	—	—	—	—	50	5	1.5	10.3
75	93	9	3	58.5	75	5	1.5	14.9
100	118	9	3	75.5	100	5	1.5	19.6
125	143	9	4	119	125	6	1.5	29.4
150	169	9	4	149	150	6	1.5	34.9
200	220	10	4	207	200	7	1.5	53.7

2. 卫生器具安装高度

卫生器具安装高度如表 4-24 所列。

表 4-24　卫生器具的安装高度

序号	卫生器具名称	卫生器具边缘离地高度（mm）	
		居住和公共建筑	幼儿园
1	架空式污水盆（池）（至上边缘）	800	800
2	落地式污水盆（池）（至上边缘）	500	500
3	洗涤盆（池）（至上边缘）	800	800

续表 4-24

序号	卫生器具名称		卫生器具边缘离地高度（mm）	
			居住和公共建筑	幼儿园
4	洗手盆（至上边缘）		800	500
5	洗脸盆（至上边缘）		800	500
6	盥洗槽（至上边缘）		800	500
7	浴盆（至上边缘）		480	—
	残障人用浴盆（至上边缘）		450	—
	按摩浴盆（至上边缘）		450	—
	淋浴盆（至上边缘）		100	—
8	蹲、坐式大便器（从台阶面至高水箱底）		1800	1800
9	蹲式大便器（从台阶面至低水箱底）		900	900
10	坐式大便器（至低水箱底）			
	1）	外露排出管式	510	—
	2）	虹吸喷射式	470	370
	3）	冲落式	510	—
	4）	旋涡连体式	250	—
11	坐式大便器（至上边缘）			
	1）	外露排出管式	400	—
	2）	旋涡连体式	360	—
	3）	残障人用	450	—
12	蹲便器（至上边缘）			
	1）	2 踏步	320	—
	2）	1 踏步	200～270	—
13	大便槽（从台阶面至冲洗水箱底）		不低于 2000	—
14	立式小便器（至受水部分上边缘）		100	—
15	挂式小便器（至受水部分上边缘）		600	450
16	小便槽（至台阶面）		200	150
17	化验盆（至上边缘）		800	—
18	净身器（至上边缘）		360	—
19	饮水器（至上边缘）		1000	—

3. 焊接钢管刷油面积

每100延长米焊接钢管的刷油面积见表4-25。

表4-25 每100延长米焊接钢管的刷油面积

公称直径（mm）	保温层厚度（mm）										
	0	20	25	30	40	50	60	70	80	90	100
15	6.68	19.24	22.38	25.53	31.81	38.09	44.37	50.66	56.94	63.22	69.51
20	8.40	20.94	24.11	27.25	33.54	39.83	46.10	52.39	58.67	64.95	71.24
25	10.52	23.09	26.23	29.37	35.66	41.94	48.22	54.51	60.79	67.07	73.26
32	13.27	25.84	28.98	32.12	38.41	44.69	50.97	57.26	63.54	69.82	76.11
40	15.08	27.65	30.79	33.93	40.21	46.50	52.78	59.06	65.35	71.63	77.91
50	18.85	31.42	34.56	37.70	43.98	50.27	56.55	62.83	69.11	75.40	81.68
70	23.72	36.29	39.43	42.57	48.85	55.13	61.42	67.70	73.98	80.27	86.55
80	27.80	40.37	43.51	46.65	52.94	59.22	65.50	71.79	78.07	84.35	90.63
100	35.81	48.38	51.52	54.66	60.95	67.23	73.51	79.80	86.08	92.36	98.65
125	43.98	56.55	59.69	62.83	69.11	75.40	81.68	87.96	94.25	100.53	106.81
150	51.84	64.40	67.54	70.69	76.97	83.25	89.54	95.82	102.01	108.39	114.67

4.4.4 建筑采暖工程常用资料

1. 散热器安装支、托架数量

散热器安装支、托架数量见表4-26。

表4-26 散热器支、托架数量

散热器型号	每组片数	上部托钩或卡架数	下部托钩或卡架数	总计	备注
60型	1	2	1	3	
	2～4	1	2	3	
	5	2	2	4	
	6	2	3	5	
	7	2	4	6	

续表 4-26

散热器型号	每组片数	上部托钩或卡架数	下部托钩或卡架数	总计	备注
M-132、150型	3～8	1	2	3	不带足
	9～12	1	3	4	
	13～16	2	4	6	
	17～20	2	5	7	
	21～24	2	6	8	
柱型	3～8	1	2	3	
	9～12	1	3	4	
	13～16	2	4	6	
	17～20	2	5	7	
	21～24	2	6	8	
圆翼型	1	—	—	2	
	2	—	—	3	
	3～4	—	—	4	
扁管、板式	1	2	2	4	
串片型	每根长度小于1.4m			2	多根串联托钩间距不大于1m
	长度为1.6～2.4m			3	

2. 常见铸铁散热器技术数据

几种常见铸铁散热器的技术数据见表4-27。

表4-27 几种铸铁散热器的技术数据

型号	散热面积 (m^2/片)	水容量 (L/片)	质量 (kg/m^2)	工作压力 (MPa)	试验压力 (MPa)	外形尺寸 (mm)
四柱813	0.28	1.37	27.1	0.4	0.8	813×164×57
M—132	0.24	1.30	27.1	0.4	0.8	584×132×82
长翼型 大60	1.17	8.42	24	0.4	0.5	280×600×115
长翼型 小60	0.8	5.66	24	0.4	0.5	200×600×115
圆翼型（D75单根）	1.8	4.42	21.2	0.4	0.6	168×168×1000

3. 常见钢制散热器技术数据

几种常见钢制散热器的技术数据见表 4-28。

表 4-28 几种常见钢制散热器的技术数据

型号		散热面积（m^2/片）	水容量（L/片）	质量（kg/片）	工作压力（MPa）
钢制柱式散热器 600×120		0.15	1	2.2	0.8
钢制板式散热器 600×1000		2.75	4.6	18.4	0.8
钢制扁管散热器单板 520×1000		1.151	4.71	15.1	0.6
单板带对流片 624×1000		5.55	5.49	27.4	0.6
闭式钢串片散热器	150×80	3.15	1.05	10.5	1.0
	240×100	5.72	1.47	17.4	1.0
	500×90	7.44	2.50	30.5	1.0

4.5 水暖工程工程量计算与实例

【例 4-2】 某建筑采暖系统中长翼型铸铁散热器安装连接，已知散热器的片数为 62 片，试计算其定额工程量。

【解】

定额工程量：62/10=6.25（10 片）

套用《全国统一安装工程预算定额》GYD—208—2000 的 8-488。

基价：98.80 元

（1）人工费：45.28 元

（2）材料费：53.52 元

（3）机械费：无

说明：定额中只考虑了铸铁散热器的组成安装，并未考虑其制作。

【例 4-3】 某建筑采暖系统热力入口如图 4-37 所示，由室外热力管井至外墙面的距离为 2500mm，供回水管为 *DN*100 的焊接钢管，外墙厚 480mm，立管距外墙内墙面的距离为 100mm，试计算该热力入口的供、回水管的定额工程量。

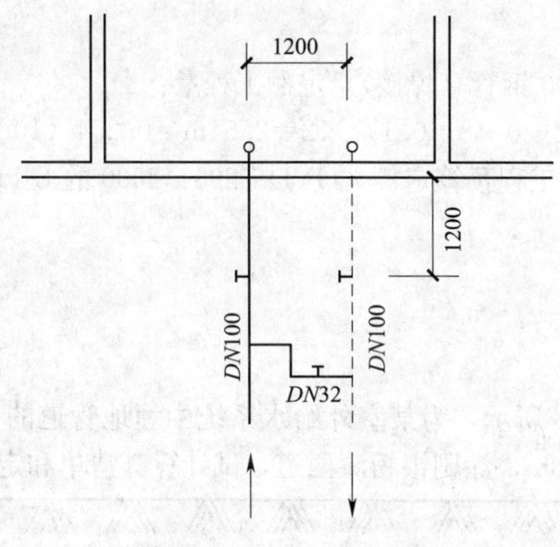

图 4-37 热力入口示意图

【解】

(1) 清单工程量

1) 室外管道［*DN*100 钢管（焊接）］工程量：

(2.5－1.2) ×2＝2.6（m）

2) 室内管道［*DN*100 钢管（焊接）］工程量：

(1.2＋0.48＋0.1) ×2＝3.56（m）

分部分项工程和单价措施项目清单与计价表见表 4-29。

表 4-29 分部分项工程和单价措施项目清单与计价表

工程名称：

序号	项目编码	项目名称	项目特征描述	计量单位	工程量	金额（元）	
						综合单价	合价
1	031001002001	钢管	1. 室外 *DN*100 钢管 2. 焊接连接	m	2.6		
2	031001002002	钢管	1. 室内 *DN*100 钢管 2. 焊接连接	m	3.56		

(2) 定额工程量

采暖热源管道以入口阀门或建筑物外墙皮 1.5m 为界，这是以热力入口阀门为界。

1) 室外管道［*DN*100 钢管（焊接）］定额工程量：

(2.5－1.2) ×2＝2.6m＝0.26（10m）

套用《全国统一安装工程预算定额》GYD—208—2000 的 8-28。

基价：61.09 元

①人工费：27.86 元

②材料费：20.38 元

③机械费：12.85 元

2）室内管道［*DN*100 钢管（焊接）］定额工程量：

$$(1.2+0.48+0.1)\times 2=2.54\text{m}=0.254\ (10\text{m})$$

套用《全国统一安装工程预算定额》GYD—208—2000 的 8-114。

基价：172.53 元

①人工费：72.91 元

②材料费：53.97 元

③机械费：45.65 元

【例 4-4】　如图 4-38 所示，为某室外给水系统中埋地管道的一部分长度为 23m，其中该管道外圆周长为 0.43m，涂刷银粉漆两道，试计算其清单和定额工程量。

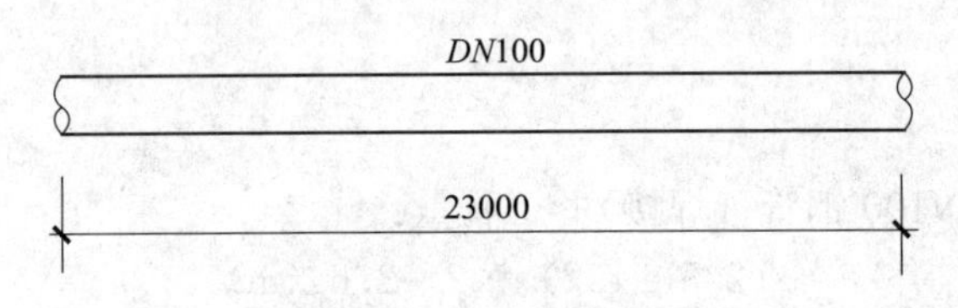

图 4-38　埋地管道示意图

【解】

（1）清单工程量

丝接镀锌钢管 *DN*100：23m

分部分项工程和单价措施项目清单与计价表见表 4-30。

表 4-30　分部分项工程和单价措施项目清单与计价表

工程名称：

序号	项目编码	项目名称	项目特征描述	计量单位	工程量	金额（元）	
						综合单价	合价
1	031001001001	镀锌钢管	1. 丝接镀锌钢管，*DN*100 2. 涂刷银粉漆两道	m	23		

（2）定额工程量

1）丝接镀锌钢管 *DN*100：2.3（单位：10m）

套用《全国统一安装工程预算定额》GYD—208—2000 的 8-9。

基价：77.85 元

①人工费 26.47 元

②材料费（不含主材费）43.66 元

③机械费 7.72 元

2）管道刷第一遍银粉漆：0.43×23＝0.989（$10m^2$）

套用《全国统一安装工程预算定额》GYD—211—2000 的 11-56。

基价：11.31 元

①人工费 6.50 元

②材料费（不含主材费）4.81 元

③机械费：无

3）管道刷第二遍银粉漆：0.43×23＝0.989（$10m^2$）

套用《全国统一安装工程预算定额》GYD—211—2000 的 11-57。

基价：10.64 元

①人工费 6.27 元

②材料费（不含主材费）4.37 元

③机械费：无

【例 4-5】 某室内钢管阀门安装工程量见表 4-31，试编制分部分项工程量清单。

表 4-31 阀门安装工程量表

序号	名 称	规格	单位	数量	备 注
1	内螺纹截止阀 J11X-10	DN25	个	4	工作压力 1.0MPa，适用温度≤130℃
2	内螺纹截止阀 J11X-10	DN32	个	6	工作压力 1.0MPa，适用温度≤130℃
3	内螺纹铜截止阀 J11X-10	DN25	个	8	工作压力 1.0MPa，适用温度≤130℃
4	内螺纹暗杆楔式闸阀 Z15T-10	DN32	个	3	工作压力 1.0MPa，适用温度≤130℃
5	外螺纹高压球阀 QJH-32WL	DN32	个	2	公称压力 32.1MPa，适用温度－20℃～80℃
6	外螺纹高压球阀 QJH-40WL	DN40	个	1	公称压力 32.1MPa，适用温度－20℃～80℃
7	内螺纹暗杆楔式闸阀 Z15T-10	DN65	个	3	工作压力 1.0MPa，适用温度≤130℃ 其中一个在管井内
8	楔式闸阀 Z41T-10	DN125	个	2	工作压力 1.0MPa，适用温度≤200℃
9	铸铁旋启式止回阀 H44T-10	DN125	个	2	公称压力 1.0MPa，适用温度≤200℃

【解】

分部分项工程和单价措施项目清单与计价表见表 4-32。

表 4-32　分部分项工程和单价措施项目清单与计价表

工程名称：某室内钢管阀门安装工程

序号	项目编号	项目名称	项目特征描述	计量单位	工程量	金额（元）	
						综合单价	合价
1	031003001001	螺纹阀门	1. 内螺纹截止阀，J11X-10，*DN*25 2. 工作压力 1.0MPa，适用温度≤130℃	个	4		
2	031003001002	螺纹阀门	1. 内螺纹截止阀，J11X-10，*DN*32 2. 工作压力 1.0MPa，适用温度≤130℃	个	4		
3	031003001003	螺纹阀门	1. 内螺纹铜截止阀 J11X-10，*DN*25 2. 工作压力 1.0MPa，适用温度≤130℃	个	8		
4	031003001004	螺纹阀门	1. 内螺纹暗杆楔式闸阀 Z15T-10，*DN*32 2. 工作压力 1.0MPa，适用温度≤130℃	个	3		
5	031003001005	螺纹阀门	1. 外螺纹高压球阀 QJH-32WL，*DN*32 2. 公称压力 32.1MPa，适用温度－20℃～80℃	个	2		
6	031003001006	螺纹阀门	1. 外螺纹高压球阀 QJH-40WL，*DN*40 2. 公称压力 32.1MPa，适用温度－20℃～80℃	个	1		
7	031003001007	螺纹阀门	1. 内螺纹暗杆楔式闸阀，Z15T-10，*DN*65 2. 工作压力 1.0MPa，适用温度≤130℃	个	2		

续表 4-32

序号	项目编号	项目名称	项目特征描述	计量单位	工程量	金额（元）	
						综合单价	合价
8	031003001008	螺纹阀门	1. 内螺纹暗杆楔式闸阀，Z15T-10，*DN*65（管内） 2. 工作压力 1.0MPa，适用温度≤130℃	个	1		
9	031003003001	焊接法兰阀门	1. 楔式闸阀，Z41T-10，*DN*125 2. 公称压力 1.0MPa，适用温度≤200℃	个	2		
10	031003003002	焊接法兰阀门	1. 旋启式单瓣止回阀，H44T-10，*DN*125 2. 公称压力 1.0MPa，适用温度≤200℃	个	2		

【例 4-6】　如图 4-39 所示为某居民楼排水系统中某室外排水干管安装图，涂刷两遍石油沥青漆，其中管道外圆周长为 0.19m，采用石棉水泥接口，试计算此铸铁排水管安装清单工程量。

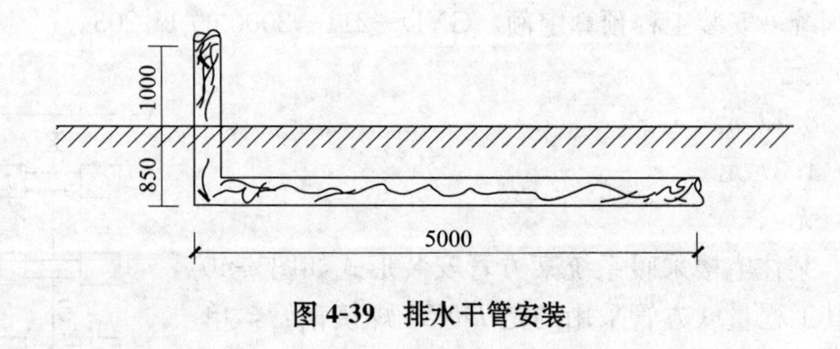

图 4-39　排水干管安装

【解】

(1) 清单工程量

铸铁排水管 *DN*50 的清单工程量为：

$$1+0.85+5=6.85\ (m)$$

分部分项工程和单价措施项目清单与计价表见表 4-33。

表 4-33 分部分项工程和单价措施项目清单与计价表

工程名称：

序号	项目编码	项目名称	项目特征描述	计量单位	工程量	金额（元）	
						综合单价	合价
1	031001005001	铸铁管	1. 铸铁管 *DN*50 2. 涂刷两道石油沥青漆	m	6.85		

（2）定额工程量

1）铸铁排水管 *DN*50：

$$1+0.85+5=6.85\ (\text{m})$$

套用《全国统一安装工程预算定额》GYD—208—2000 的 8-75。

基价：46.20 元

①人工费：25.77 元

②材料费：20.43 元

③机械费：无

2）管道刷第一遍石油沥青漆：

$$0.19\times6.85=0.13\ (10\text{m}^2)$$

套用《全国统一安装工程预算定额》GYD—211—2000 的 11-202。

基价：9.90 元

①人工费：8.36 元

②材料费：1.54 元

③机械费：无

3）管道刷第二遍石油沥青漆：

$$0.19\times6.85=0.13\ (10\text{m}^2)$$

套用《全国统一安装工程预算定额》GYD—211—2000 的 11-203。

基价：9.50 元

①人工费：8.13 元

②材料费：1.37 元

③机械费：无

【例 4-7】 某住宅楼采暖系统某方管安装形式如图 4-40 所示，试计算其工程量（方管采用的是 *DN*25 焊接钢管，单管顺流式连接）。

【解】

方管长度计算（*DN*25 焊接钢管）

$$[16-(-1)]+2+1.5-1\times4=16.5\ (\text{m})$$

分部分项工程和单价措施项目清单与计价表见表 4-34。

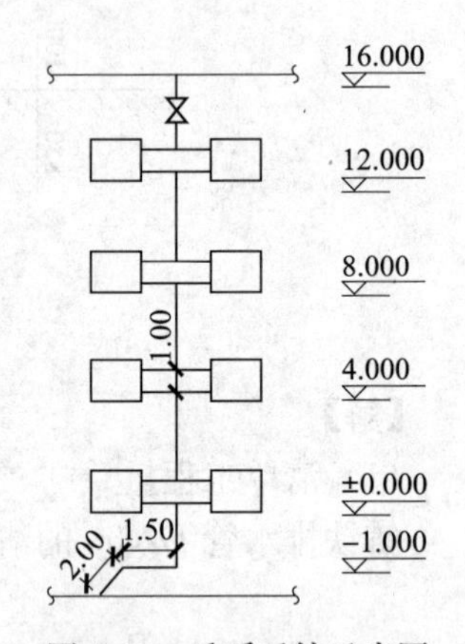

图 4-40 采暖系统示意图

表 4-34 分部分项工程和单价措施项目清单与计价表

工程名称：

序号	项目编码	项目名称	项目特征描述	计量单位	工程量	金额（元）	
						综合单价	合价
1	031001002001	钢管	1. *DN*25 焊接方钢管 2. 单管顺流式连接，室内	m	16.5		

【例 4-8】 如图 4-41 所示为 *DN*50 法兰水表组成示意图，试计算其工程量。

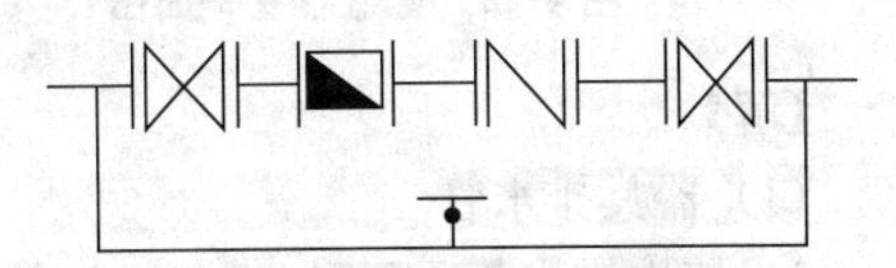

图 4-41 水表组成示意图

【解】

(1) 清单工程量

*DN*50 螺纹水表：1 组

分部分项工程和单价措施项目清单与计价表见表 4-35。

表 4-35 分部分项工程和单价措施项目清单与计价表

工程名称：

序号	项目编码	项目名称	项目特征描述	计量单位	工程量	金额（元）	
						综合单价	合价
1	031003013001	水表	*DN*50 螺纹水表	组	1		

(2) 定额工程量

*DN*50 螺纹水表：1 组

套用《全国统一安装工程预算定额》GYD—208—2000 的 8-367。

基价：1256.50 元

①人工费：66.41 元

②材料费：1137.14 元

③机械费：52.95 元

【例 4-9】 某 7 层住宅楼的卫生间排水管道布置如图 4-42、图 4-43 所示。首层为架空层，层高为 3m，其余层高为 2.6m。2～7 层设有卫生间。管材为铸铁排水管，石棉水泥接口。图中所示地漏为 *DN*75，连接地漏的横管标高为楼板面下 0.1m，立管至室外第一个检查井的水平距离为 5m。试计算该排水管道系统的工程量。明露排水铸铁管刷防锈底漆一遍，银粉漆两遍，埋地部分刷沥青漆两遍，试编制该管道工程的工程量清单。

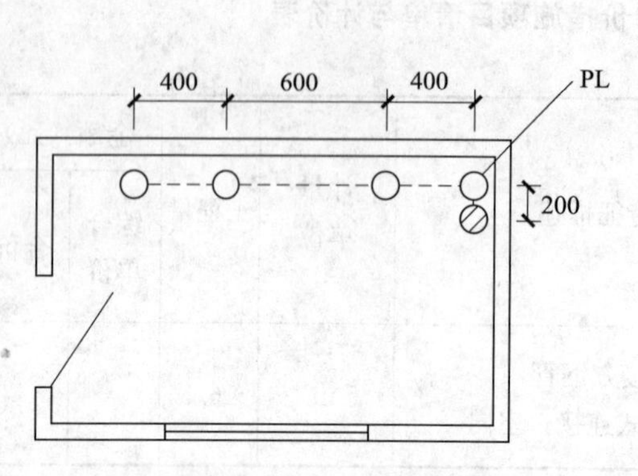

图 4-42 管道布置平面图

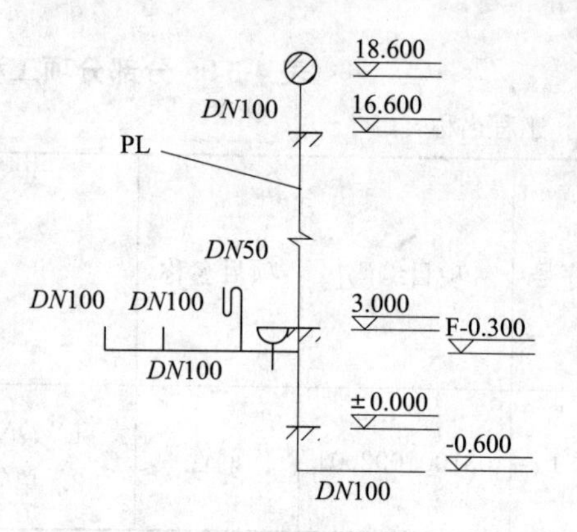

图 4-43 排水管道系统图

【解】

（1）器具排水管

1）铸铁排水管 *DN*50：0.3×6＝1.8（m）

2）铸铁排水管 *DN*75：0.1×6＝0.6（m）

3）铸铁排水管 *DN*100：0.3×6×2＝3.6（m）

（2）排水横管

1）铸铁排水管 *DN*75：0.2×6＝1.2（m）

2）铸铁排水管 *DN*100：（0.4＋0.6＋0.4）×6＝8.4（m）

（3）排水立管和排出管：18.6＋0.6＋5＝24.2（m）

（4）综合

1）铸铁排水管 *DN*50：1.8m

2）铸铁排水管 *DN*75：0.6＋1.2＝1.8（m）

3）铸铁排水管 *DN*100：3.6＋8.4＋24.2＝36.2（m）

其中埋地部分 *DN*100：0.6＋5＝5.6（m）

分部分项工程和单价措施项目清单与计价表见表 4-36。

表 4-36 分部分项工程和单价措施项目清单与计价表

工程名称：排水管道工程

序号	项目编码	项目名称	项目特征描述	计量单位	工程量	金额（元）	
						综合单价	合价
1	031001005001	铸铁管	1. 铸铁排水管，*DN*50 2. 一遍防锈底漆，两遍银粉漆	m	1.8		
2	031001005002	铸铁管	1. 铸铁排水管，*DN*75 2. 一遍防锈底漆，两遍银粉漆	m	1.8		

续表 4-36

序号	项目编码	项目名称	项目特征描述	计量单位	工程量	金额（元）	
						综合单价	合价
3	031001005003	铸铁管	1. 铸铁排水管，*DN*100 2. 一遍防锈底漆，两遍银粉漆	m	36.2		
4	031001005004	铸铁管	1. 埋地铸铁排水管，*DN*100 2. 两遍沥青漆	m	5.6		

【例 4-10】 某浴室给水系统平面图，室内给水管材采用热浸镀锌钢管，其中 *DN*25（立管部分）1m（套管至分支管处），*DN*20（立管部分）0.5m（立管分支处到与水平管交点处），钢管连接方式为螺纹连接，明装管道外刷面漆两道，设淋浴喷头 7 个，洗手水龙头 2 个。图 4-44 所示为某浴室给水平面图，图 4-45 所示为某浴室系统图，试计算该给水系统的清单工程量。

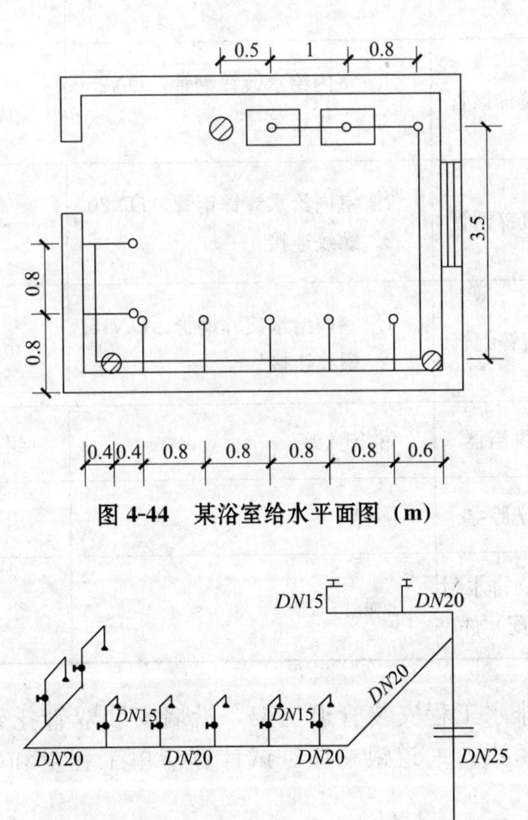

图 4-44 某浴室给水平面图（m）

图 4-45 某浴室给水系统图

注：1. 每个淋浴器分支管与水平管的距离为 0.8m；

2. 淋浴器竖直分支管与喷头之间的连接管段长为 0.3m。

【解】

（1）*DN*25（立管部分）：1m

（2）*DN*20（立管部分）：0.5m

*DN*20（水平部分）：1+3.5+0.6+0.8×8=11.5（m）

（3）*DN*15（洗手盆水龙头）：0.5×2=1.0（m）

*DN*15（淋浴器）：0.8×7+0.3×7=7.7（m）

（4）淋浴器7组

（5）洗手盆2组

（6）地漏3个

分部分项工程和单价措施项目清单与计价表见表4-37。

表4-37 分部分项工程和单价措施项目清单与计价表

工程名称：某浴室给水系统工程

序号	项目编码	项目名称	项目特征描述	计量单位	工程量	金额（元）	
						综合单价	合价
1	031001001001	镀锌钢管	1. 室内给水镀锌钢管，*DN*25 2. 螺纹连接	m	1		
2	031001001002	镀锌钢管	1. 室内给水镀锌钢管，*DN*20 2. 螺纹连接	m	11.5		
3	031001001003	镀锌钢管	1. 室内给水镀锌钢管，*DN*15 2. 螺纹连接	m	8.7		
4	031004010001	淋浴器	淋浴喷头	组	7		
5	031004003001	洗脸盆	陶瓷	组	2		
6	031004014001	给、排水附（配）件	地漏	个	3		

【例4-11】 某给排水工程安装管道支架，沿墙安装双管托架共96kg，手工除锈（中锈），涂刷两道防锈漆，一道银粉漆。试计算清单工程量和定额工程量（不含主材费）。

【解】

（1）清单工程量

管道支架：96kg

分部分项工程和单价措施项目清单与计价表见表4-38。

表 4-38 分部分项工程和单价措施项目清单与计价表

工程名称：

序号	项目编码	项目名称	项目特征描述	计量单位	工程量	金额（元）	
						综合单价	合价
1	031002001001	管道支架	沿墙安装双管托架	kg	96		

（2）定额工程量

1）管道支架制作安装：0.96（100kg）

套用《全国统一安装工程预算定额》GYD—208—2000 的 8-178。

基价：654.69 元

①人工费：235.45 元

②材料费：194.98 元

③机械费：224.26 元

2）支架除中锈：0.96（100kg）

套用《全国统一安装工程预算定额》GYD—211—2000 的 11-8。

基价：24.41 元

①人工费：12.54 元

②材料费：4.91 元

③机械费：6.96 元

3）支架刷防锈漆第一遍：0.96（100kg）

套用《全国统一安装工程预算定额》GYD—211—2000 的 11-119。

基价：13.11 元

①人工费：5.34 元

②材料费：0.81 元

③机械费：6.96 元

4）支架刷防锈漆第二遍：0.96（100kg）

套用《全国统一安装工程预算定额》GYD—211—2000 的 11-120。

基价：14.79 元

①人工费：5.11 元

②材料费：2.72 元

③机械费：6.96 元

5）支架刷银粉漆第一遍：0.96（100kg）

套用《全国统一安装工程预算定额》GYD—211—2000 的 8-28。

基价：16.00 元

①人工费：5.11 元

②材料费：3.93 元

③机械费：6.96 元

【例 4-12】 图 4-46 所示为某公共厨房给水系统图，给水管道采用镀锌钢管，供水方式为上式，其中，该给水系统中的阀门均采用螺纹法兰阀门，试计算其工程量。

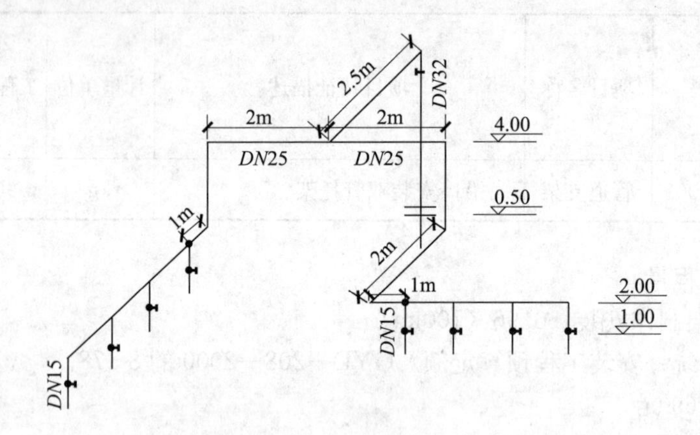

图 4-46 某公共厨房给水系统图

注：分支管节点前为 DN25 镀锌钢管，长度为 1m。

【解】

(1) 清单工程量

1) DN32 镀锌钢管：

$$4-0.5+2.5=6\ (\text{m})$$

2) DN25 镀锌钢管：

$$2\times2+2+1\times2+(4-0.5)\times2=15\ (\text{m})$$

3) DN15 镀锌钢管：

$$1.5\times6+(2-1)\times8=17\ (\text{m})$$

4) 螺纹法兰阀门（DN32）：1 个

5) 螺纹法兰阀门（DN15）：8 个

分部分项工程和单价措施项目清单与计价表见表 4-39。

表 4-39 分部分项工程和单价措施项目清单与计价表

工程名称：某厨房给水工程

序号	项目编码	项目名称	项目特征描述	计量单位	工程量	金额（元）	
						综合单价	合价
1	031001001001	镀锌钢管	1. 室内给水镀锌钢管，DN32 工程 2. 螺纹连接	m	6		
2	031001001002	镀锌钢管	1. 室内给水镀锌钢管，DN25 工程 2. 螺纹连接	m	15		

续表 4-39

序号	项目编码	项目名称	项目特征描述	计量单位	工程量	金额（元）	
						综合单价	合价
3	031001001003	镀锌钢管	1. 室内给水镀锌钢管，*DN*32 工程 2. 螺纹连接	m	17		
4	031003002001	螺纹法兰阀门	*DN*32	个	1		
5	031003002002	螺纹法兰阀门	*DN*15	个	8		

（2）定额工程量

1）*DN*32 镀锌钢管：

$$4-0.5+2.5=6\ (\mathrm{m})$$

套用《全国统一安装工程预算定额》GYD—208—2000 的 8-90。

基价：86.16 元

①人工费：51.08 元

②材料费：34.05 元

③机械费：1.03 元

2）*DN*25 镀锌钢管：

$$2\times2+2+1\times2+(4-0.5)\times2=15\ (\mathrm{m})$$

套用《全国统一安装工程预算定额》GYD—208—2000 的 8-89。

基价：83.51 元

①人工费：51.08 元

②材料费：31.40 元

③机械费：1.03 元

3）*DN*15 镀锌钢管：

$$1.5\times6+(2-1)\times8=17\ (\mathrm{m})$$

套用《全国统一安装工程预算定额》GYD—208—2000 的 8-87。

基价：65.45 元

①人工费：42.49 元

②材料费：22.96 元

③机械费：无

4）螺纹法兰阀门（*DN*32）：1 个

套用《全国统一安装工程预算定额》GYD—208—2000 的 8-253。

基价：47.20 元

①人工费：6.73 元

②材料费：40.47 元

③机械费：无

5）螺纹法兰阀门（*DN*15）：8 个

套用《全国统一安装工程预算定额》GYD—208—2000 的 8-250。

基价：25.81 元

①人工费：4.64 元

②材料费：21.17 元

③机械费：无

【例 4-13】 如图 4-47 所示为钢管配碳钢法兰（焊接）。计算法兰工程量及套用定额（假定平焊法兰公称压力为 1.6MPa）。

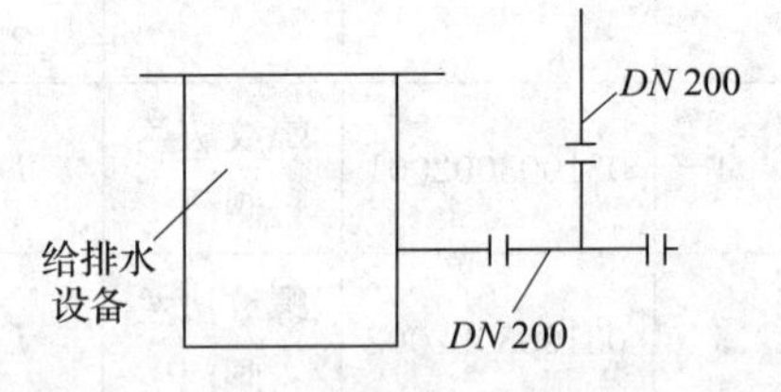

图 4-47 钢管配碳钢法兰

【解】

（1）清单工程量

碳钢法兰：3 副

分部分项工程和单价措施项目清单与计价表见表 4-40。

表 4-40 分部分项工程和单价措施项目清单与计价表

工程名称：

序号	项目编码	项目名称	项目特征描述	计量单位	工程量	金额（元）	
						综合单价	合价
1	031003011001	法兰	1. 平焊法兰，*DN*200 2. 1.6MPa	副	3		

（2）定额工程量

碳钢法兰：3 副

套用《全国统一安装工程预算定额》GYD—208—2000 的 8-197。

基价：111.43 元

1）人工费：26.70 元

2）材料费：53.25 元

3）机械费：31.48 元

*DN*200 碳钢法兰定额含量 2 片，本例法兰工程量 3 副，每副法兰定额含法兰 2 片计 6 片，但其中由设备本身带来 1 片，另一端为法兰盖，故实际法兰数为 6－2＝4 片。

设：法兰盖 1 片，法兰单价 32.35 元/片，法兰盖 48.12 元/片

则：法兰主材费＝32.35×1×4＝129.4（元）

法兰盖主材费＝48.12×1×1＝48.12（元）

【例 4-14】 如图 4-48 所示为 *DN*32 螺纹连接疏水器安装示意图，试计算其工程量。

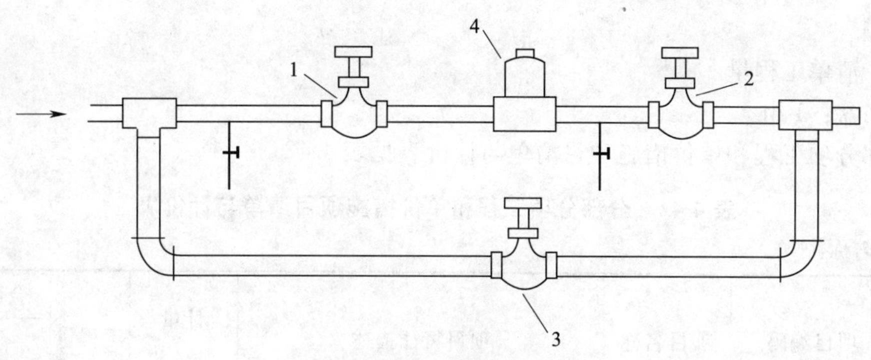

图 4-48　疏水器安装平面图

1、2、3—螺纹阀门；4—疏水器

【解】

(1) 清单工程量

疏水器组数量：1

螺纹阀门：3 个

分部分项工程和单价措施项目清单与计价表见表 4-41。

表 4-41　分部分项工程和单价措施项目清单与计价表

工程名称：

序号	项目编码	项目名称	项目特征描述	计量单位	工程量	金额（元）	
						综合单价	合价
1	031003007001	疏水器	1. *DN*32 疏水器 2. 螺纹连接	组	1		
2	031003001001	螺纹阀门	*DN*32 螺纹阀门	个	3		

(2) 定额工程量

1) 疏水器组数量：1

套用《全国统一安装工程预算定额》GYD—208—2000 的 8-346。

基价：245.07 元

①人工费：29.72 元

②材料费：215.35 元

③机械费：无

2) 螺纹阀门：3 个

套用《全国统一安装工程预算定额》GYD—208—2000 的 8-244。

基价：8.57 元

①人工费：3.48 元

②材料费：5.09 元

③机械费：无

【例 4-15】　某卫生间有脚踏开关洗涤盆一个，试计算其工程量。

【解】

(1) 清单工程量

洗涤盆：1组

分部分项工程和单价措施项目清单与计价表见表4-42。

表4-42 分部分项工程和单价措施项目清单与计价表

工程名称：

序号	项目编码	项目名称	项目特征描述	计量单位	工程量	金额（元）	
						综合单价	合价
1	031004004001	洗涤盆	脚踏开关洗涤盆	组	1		

(2) 定额工程量

洗涤盆：0.1（10组）

套用《全国统一安装工程预算定额》GYD—208—2000的8-395。

基价：620.23元

1) 人工费：134.44元

2) 材料费：485.79元

3) 机械费：无

【例4-16】 如图4-49所示为一钢管冷热水洗脸盆平面图，试计算其工程量。

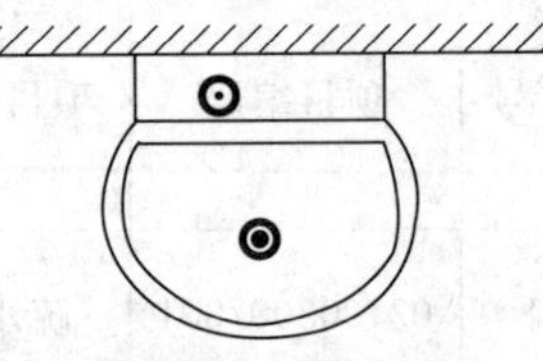

图4-49 洗脸盆

【解】

(1) 清单工程量

洗脸盆：1组

分部分项工程和单价措施项目清单与计价表见表4-43。

表4-43 分部分项工程和单价措施项目清单与计价表

工程名称：

序号	项目编码	项目名称	项目特征描述	计量单位	工程量	金额（元）	
						综合单价	合价
1	031004003001	洗脸盆	钢管冷热水洗脸盆	组	1		

(2) 定额工程量

洗脸盆：0.1（10组）

套用《全国统一安装工程预算定额》GYD—208—2000的8-385。

基价：1323.84元

1) 人工费：122.60元

2) 材料费：1201.24元

3) 机械费：无

【例 4-17】　某住宅楼采用低温地板采暖系统，室内敷设管道均为交联聚乙烯管 PE—X（热风焊），De25×2，其中某一房间的敷设情况如图 4-50 所示，试计算其工程量。

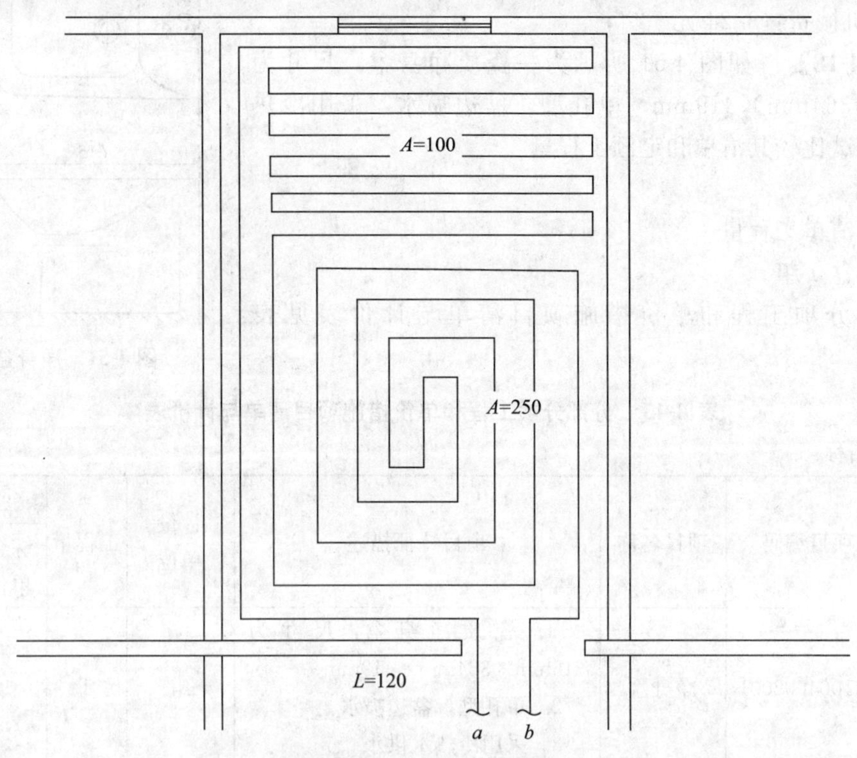

图 4-50　某房间管道布置图

注：图中 a 接至分水器 b 接至集水器。

【解】

(1) 清单工程量

塑料管（PE—X）De25×2 工程量：120m

分部分项工程和单价措施项目清单与计价表见表 4-44。

表 4-44　分部分项工程和单价措施项目清单与计价表

工程名称：

序号	项目编码	项目名称	项目特征描述	计量单位	工程量	金额（元）	
						综合单价	合价
1	031001006001	塑料管	PE—X 管，De25×2	m	120		

(2) 定额工程量

塑料管（PE—X）De25×2 工程量：12（10m）

套用《全国统一安装工程预算定额》GYD—208—2000 的 6-274。

基价：15.62 元

1）人工费：11.91元

2）材料费：0.47元

3）机械费：3.24元

【例 4-18】 如图 4-51 所示为一瓷质净身盆，尺寸为 615mm×364mm×419mm，单孔型，盆边喷水，采用冷热水供水，试比较其清单和定额工程量。

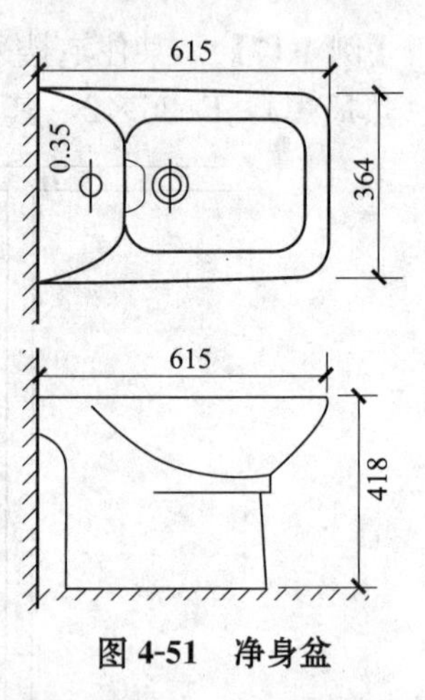

图 4-51 净身盆

【解】

(1) 清单工程量

净身盆1组

分部分项工程和单价措施项目清单与计价表见表 4-45。

表 4-45 分部分项工程和单价措施项目清单与计价表

工程名称：

序号	项目编码	项目名称	项目特征描述	计量单位	工程量	金额（元）	
						综合单价	合价
1	031004002001	净身盆	1. 瓷质净身盆，尺寸为 615mm×364mm×419mm 2. 单孔型，盆边喷水 3. 采用冷热水供水	组	1		

(2) 定额工程量

净身盆：0.1（10组）

套用《全国统一安装工程预算定额》GYD—208—2000 的 8-377。

基价：4307.38元

1）人工费：143.04元

2）材料费：4164.34元

3）机械费：无

【例 4-19】 某学校室外供暖管道（地沟敷设）中有 ϕ133×4.5mm 的无缝钢管管道一段，管沟起止长度为 200m，管道的供、回水管分上下两层安装，中间设置方形补偿器一个，臂长 1.5m，该管道刷红丹漆两遍，珍珠岩瓦绝热，绝热厚度为 50mm，试计算该段管道安装的分项项目的工程量。

【解】

(1) 供、回水管的长度

$$L_1=200\times2=400\ (\text{m})$$

(2) 补偿器两臂的增加长度

$$L_2=1.5\times2\times2=6\ (\text{m})$$

(3) 室外供热管道的安装工程量

$$L=L_1+L_2=400+6=406\ (\text{m})$$

分部分项工程和单价措施项目清单与计价表见表4-46。

表4-46　分部分项工程和单价措施项目清单与计价表

工程名称：

序号	项目编码	项目名称	项目特征描述	计量单位	工程量	金额（元）	
						综合单价	合价
1	031001002001	钢管	1. 无缝钢管，$\phi133\times4.5$mm 2. 焊接连接 3. 两遍红丹漆 4. 珍珠岩瓦保温，$\delta=50$mm	m	406		

【例4-20】　某学校教室采用暖风机进行采暖，如图4-52所示，暖风机为小型（NC）暖风机，其质量在150kg以内，试计算其工程量。

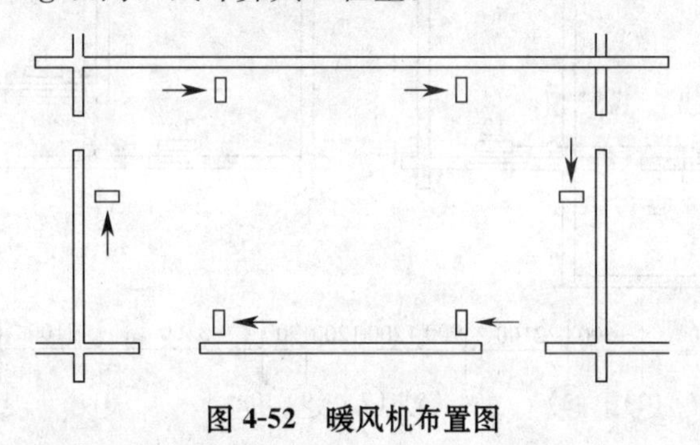

图4-52　暖风机布置图

【解】

（1）清单工程量

通风机：6台

分部分项工程和单价措施项目清单与计价表见表4-47。

表4-47　分部分项工程和单价措施项目清单与计价表

工程名称：

序号	项目编码	项目名称	项目特征描述	计量单位	工程量	金额（元）	
						综合单价	合价
1	031005005001	通风机	1. 小型（NC）暖风机 2. 质量在150kg以内	台	6		

（2）定额工程量

小型（NC）暖风机，重量在150kg以内：6（台）

套用《全国统一安装工程预算定额》GYD—208—2000的8-258。

基价：67.53元

1）人工费：56.26 元

2）材料费：11.27 元

3）机械费：无

【例 4-21】 图 4-53～图 4-55 所示为某住宅工程的采暖平面图与系统图，试计算工程量。

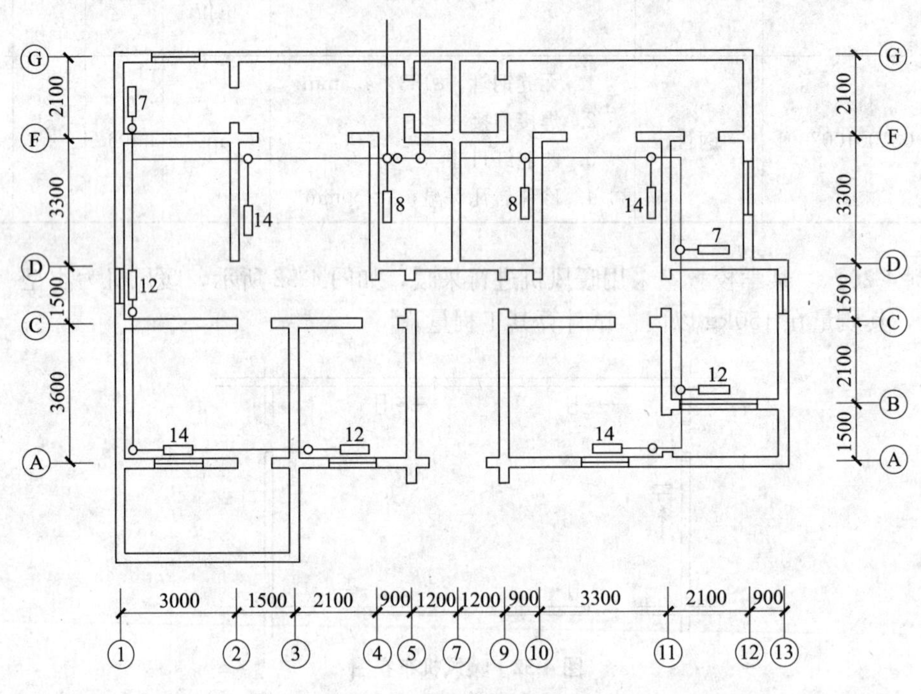

图 4-53 底层采暖平面图

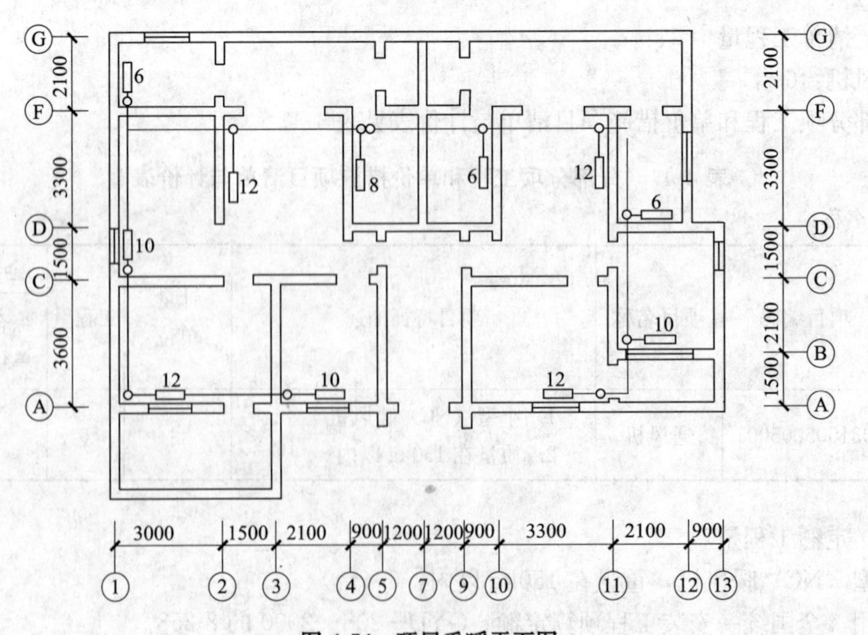

图 4-54 顶层采暖平面图

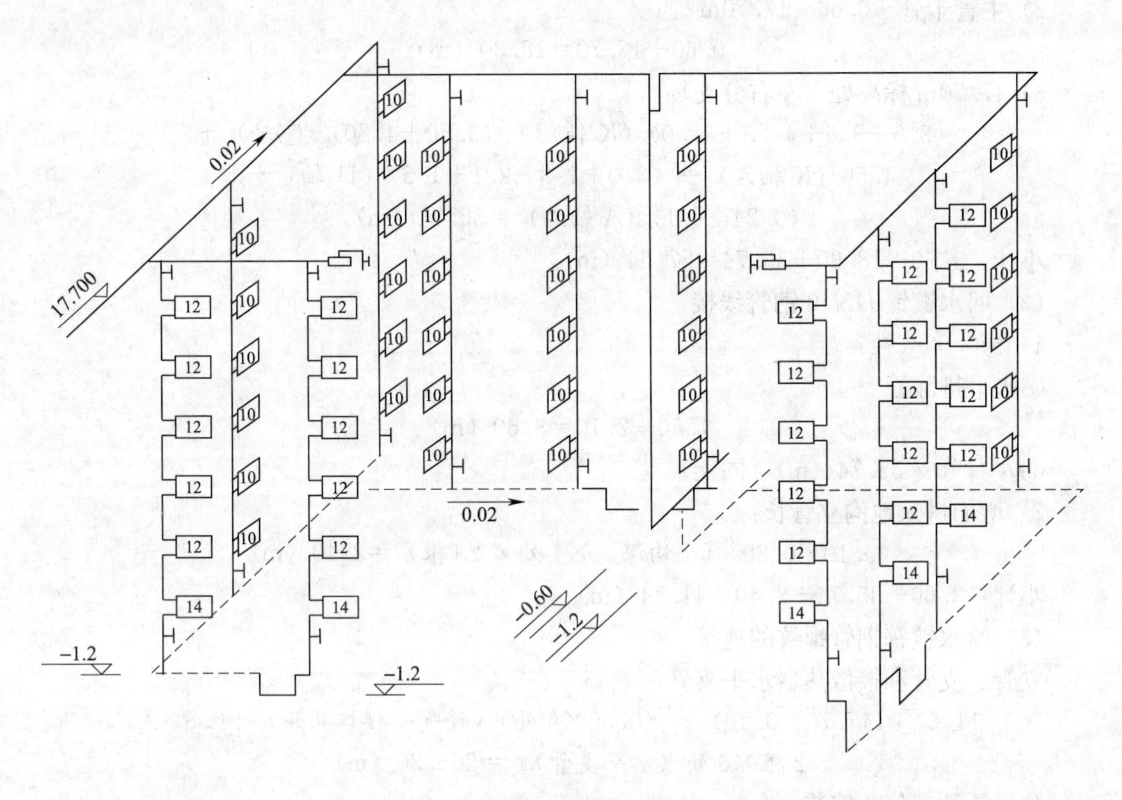

图 4-55 采暖系统图

采暖工程设计说明：

1）给水排水管道采用镀锌钢管螺纹连接；

2）给水干管（包括立管和水平管）均采用 *DN*32 镀锌钢管；

3）给水支管（包括立管、支管和水平支管）均采用 *DN*20 镀锌钢管；

4）排水水平支管均采用 *DN*20 镀锌钢管；

5）排水水平干管均采用 *DN*40 镀锌钢管；

6）各干管、支管上均采用闸阀螺纹连接；

7）回水管过门设混凝土地沟；

8）采用 M－132 型铸铁散热器，片数已分别标在系统图中，每片按 85mm 计算，散热片上下两螺纹连接孔间隔 500mm；

9）给水管端各设一个集汽罐，规格为 *DN*150，*H*＝300mm；

10）各立管离开墙面 100mm；

11）各房间内散热器按管一侧端头离开支管立管 0.8m；

12）室外水平供水管及回水管长度算至外墙皮 1.5m。

【解】

（1）给水镀锌钢管线接 *DN*32

1）水平引入管－0.6m 处：

$$1.50+2.10=3.60\text{（m）}$$

2）主管干管−0.60～17.70m处：

$$0.60+17.70=18.30\text{（m）}$$

3）17.70m标高处（左右分支）：

（3.0＋3.6＋4.20＋3.30）（*K*轴）＋（3.60＋4.80）（①轴）＋4.50（*K*轴左）＋（3.0＋1.8＋2.1＋1.5）（11轴）＋（0.24＋0.1）（*A*轴右）＝35.74（m）。

小计：3.60＋18.30＋35.74＝57.64（m）。

（2）回水镀锌*DN*40钢管线接

1）−0.60m处：

①水平排除管

$$1.50+2.10=3.60\text{（m）}$$

②左右分支35.74（m）（同上）

2）增加进入地沟立管长：

（0.10＋0.20）（平均深）×4处×2（根）＝2.40（m）

小计：3.60＋35.74＋2.40＝41.74（m）

（3）给水镀锌钢管螺纹的连接

立管、支管和接散热器水平支管：

11×［（17.70−0.10）−（0.50×6处）（暖气处接口孔距）＋0.8×2根×6处（水平支管）］＝266.20（m）

（4）铸铁暖气片安装

M132型暖气片安装片数。

1）底层：12＋14＋12＋7＋14＋8＋8＋14＋7＋12＋14＝122（片）

2）楼层：5×（10＋12＋10＋6＋12＋6＋12＋6＋10＋12＋6）＝510（片）

小计：122＋510＝632（片）

（5）自动排气阀

安装2个。

（6）自动排气阀

安装2个。

（7）闸阀安装*DN*20（集汽罐上）

$$11\times2+2=24\text{（个）}$$

（8）闸阀安装

*DN*32：1个。

【例4-22】 设计说明：

1）本工程为某公共卫生间，单层建筑。

2）本工程采用独立给水排水系统。生活给水来自市政给水管网；排水系统污废合流，污水排入室外化粪池，经处理后排至市政污水管网。详见表4-48以及图4-56～图4-58所示。

表 4-48　图例

名　称	图　例	名　称	图　例
给水管	G——	存水弯（位于楼板上）	
污水管	W——	普通龙头	
截止阀		洗面器	
水表		洗面器龙头	
截止阀		地面清扫口	
蹲便器		清扫口	
圆形地漏		脚踏龙头	
坐便器			

3）卫生洁具采用节水型产品。坐便器采用连体式坐便器（用水量为 6L/次），蹲便器采用脚踏阀蹲式大便器，洗脸盆采用全自动感应水嘴立柱式洗面器盆，小便器采用自闭式冲洗阀立式小便器。

4）卫生间内设置水泥拖布池、铸铁地漏。

5）给水管道上设置阀门，采用 J11W-10T 截止阀。

施工要求：

1）给水干管及立管采用镀锌钢管，螺纹连接；给水支管采用 PP－R 塑料管，热熔连接。

2）排水管道采用 A 型柔性排水铸铁管，法兰连接。

3）阀门连接方式同给水管道。

4）卫生洁具安装详见《建筑设备施工安装通用图集》91SB2—1—2005。

5）卫生洁具连接管安装高度除图纸注明外，均按《建筑设备施工安装通用图集》91SB2—1—2005 施工。

6）给水管道系统安装完毕，按规范要求应进行水压试验；系统投入使用前必须进行水冲洗。

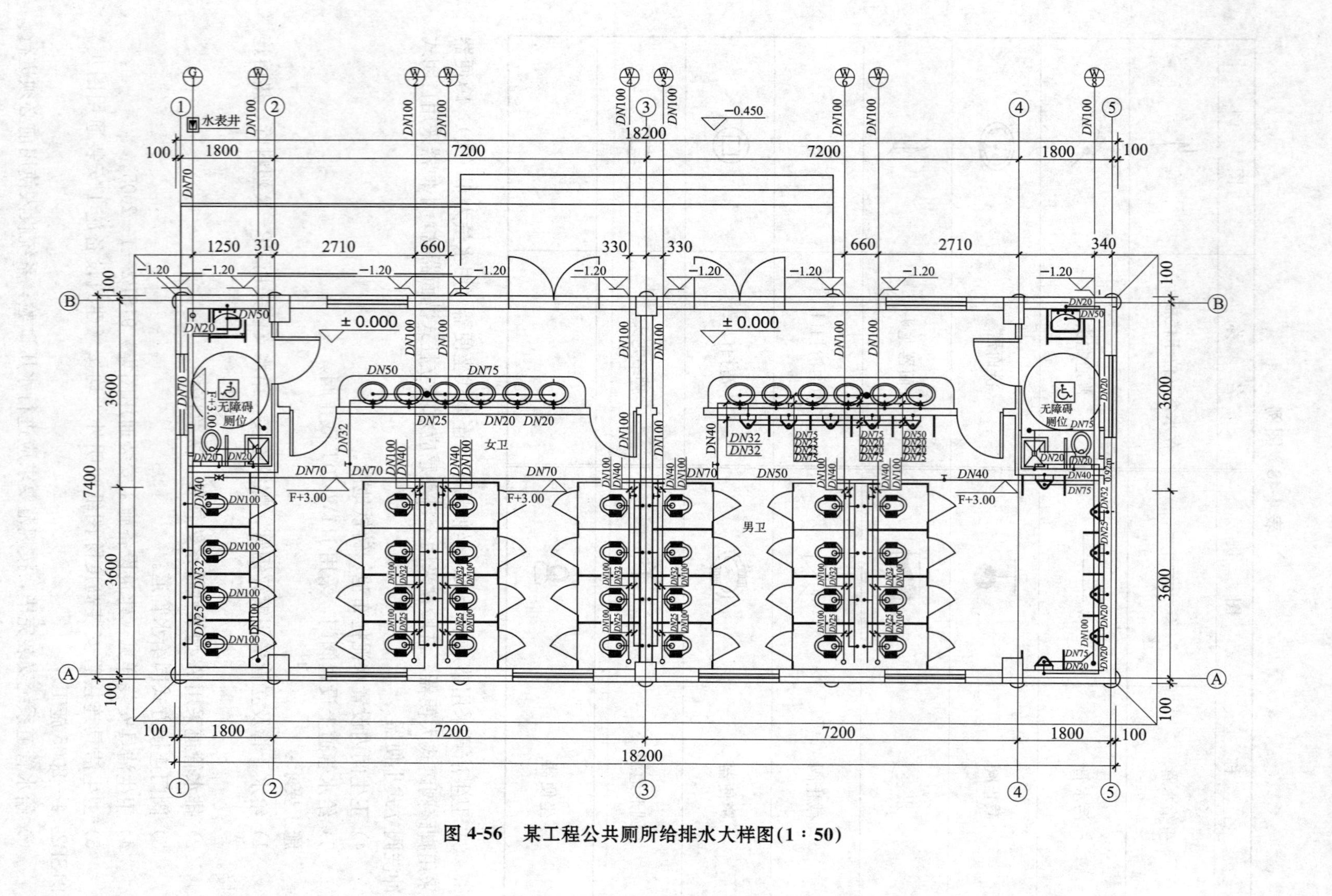

图 4-56 某工程公共厕所给排水大样图(1∶50)

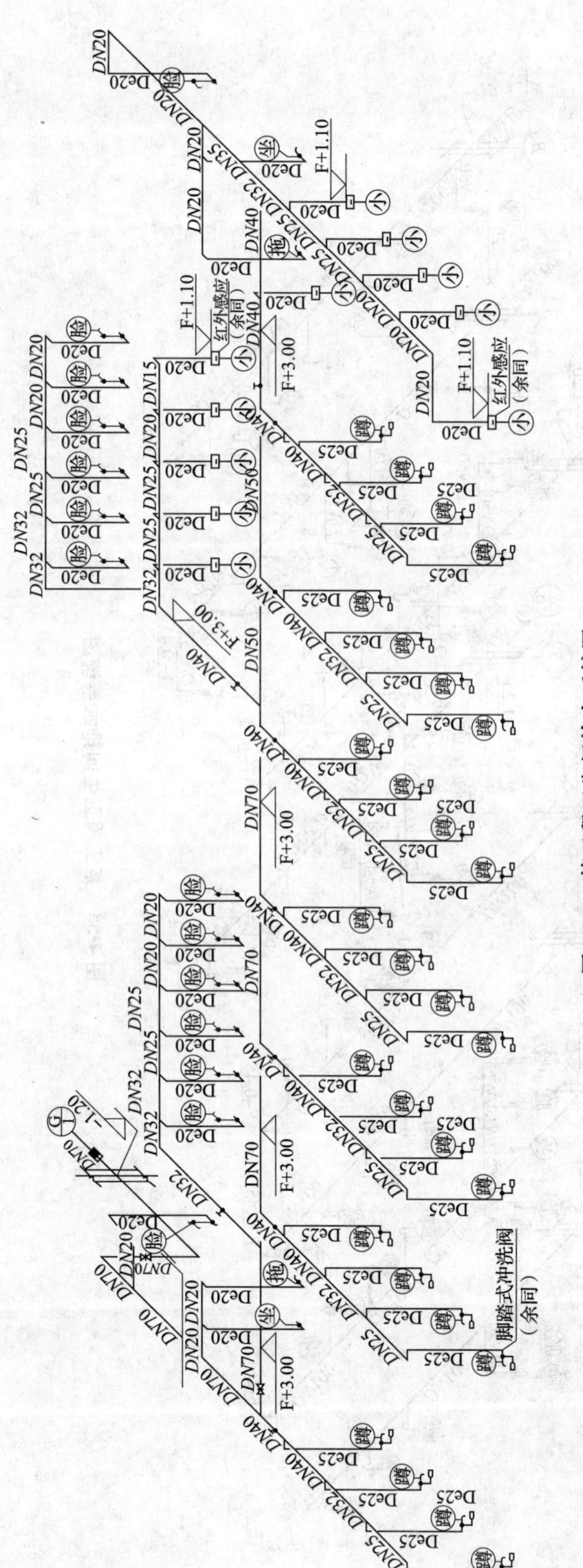

图 4-57 某工程卫生间给水系统图

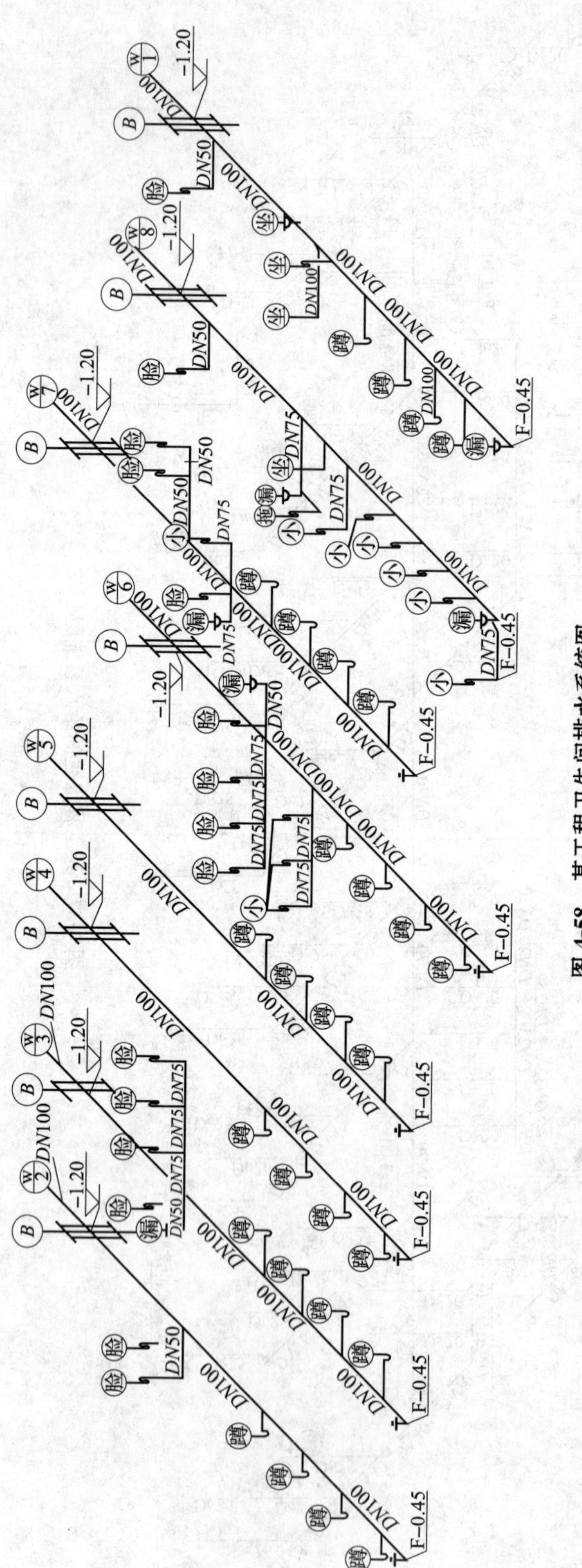

图 4-58 某工程卫生间排水系统图

7）排水管道系统安装完毕，按规范要求进行闭水试验；排水主立管及水平干管管道均应做通球试验，通球球径不小于排水管道管径2/3，通球率必须达到100%。

试列出该给水排水工程分部分项工程项目清单表。

注：本实例的设计说明及施工要求中未提及之处不计算。

【解】

（1）镀锌钢管给水管道

1）*DN*20 镀锌钢管：

$$0.8\times14+2=13.2\ (\text{m})$$

2）*DN*25 镀锌钢管：

$$0.8\times16=12.8\ (\text{m})$$

3）*DN*32 镀锌钢管：

$$0.8\times13+1.5=11.9\ (\text{m})$$

4）*DN*40 镀锌钢管：

$$0.8\times14+1.5+5=17.7\ (\text{m})$$

5）*DN*50 镀锌钢管：6m

6）*DN*70 镀锌钢管：

$$1.5+1.2+3+3.6+12+21.3=42.6\ (\text{m})$$

（2）PP－R 塑料管给水管道

1）De20 塑料管给水管道：

$$(1.9+0.2)\times(14+2+2+11)=60.9\ (\text{m})$$

2）De20 塑料管给水管道：

$$1.9\times28+0.2\times28=58.8\ (\text{m})$$

（3）柔性排水铸铁管

1）*DN*50 铸铁管：

$$14\times(1.2+0.45)+2\times(1.0+0.45)+6\times(0.45+0.5)=31.7\ (\text{m})$$

2）*DN*75 铸铁管：

$$11\times(0.45+0.5)+1\times0.95=11.4\ (\text{m})$$

3）*DN*100 铸铁管：

$$28\times0.95+6\times0.45+2\times(0.45+0.6)+8\times(8+1.5)=107.4\ (\text{m})$$

（4）型钢管道支架制作、安装

$$(13.2+12.8+11.9+17.7+6+42.6)\div2.5\times0.4+$$
$$(31.7+11.4)\div2\times0.9+107.4\div2.5\times1.2=86.62\ (\text{kg})$$

（5）螺纹截止阀

1）*DN*70 螺纹截止阀：2个

2）*DN*40 螺纹截止阀：9个

3）*DN*32 螺纹截止阀：1个

（6）洗脸盆

$$6+6+2=14\ (\text{组})$$

（7）大便器

1）蹲便器：

4×7=28（组）

2）连体式水箱坐便器：2 组

（8）立式小便器

6+5=11（组）

（9）给水、排水附（配）件

1）水嘴 $DN15$：2 个

2）带存水弯排水栓 $DN50$：2 个

3）地漏：

①$DN50$ 地漏：6 个

②$DN75$ 地漏：1 个

4）地面清扫口 $DN100$：6 个

分部分项工程和单价措施项目清单与计价表见表 4-49。

表 4-49 分部分项工程和单价措施项目清单与计价表

工程名称：某工程（给水排水工程）

序号	项目编码	项目名称	项目特征描述	计量单位	工程量	金额（元）	
						综合单价	合价
1	031001002001	镀锌钢管	1. 安装部位：室内 2. 介质：给水 3. 规格、压力等级：DN20 低压 4. 连接形式：丝接 5. 压力试验、水冲洗：按规范要求	m	13.2		
2	031001001002	镀锌钢管	1. 安装部位：室内 2. 介质：给水 3. 规格、压力等级：DN25 低压 4. 连接形式：丝接 5. 压力试验、水冲洗：按规范要求	m	12.8		
3	031001001003	镀锌钢管	1. 安装部位：室内 2. 介质：给水 3. 规格、压力等级：DN32 低压 4. 连接形式：丝接 5. 压力试验、水冲洗：按规范要求	m	11.9		

续表 4-49

序号	项目编码	项目名称	项目特征描述	计量单位	工程量	金额（元）	
						综合单价	合价
4	031001001004	镀锌钢管	1. 安装部位：室内 2. 介质：给水 3. 规格、压力等级：*DN*40 低压 4. 连接形式：丝接 5. 压力试验、水冲洗：按规范要求	m	17.7		
5	031001001005	镀锌钢管	1. 安装部位：室内 2. 介质：给水 3. 规格、压力等级：*DN*50 低压 4. 连接形式：丝接 5. 压力试验、水冲洗：按规范要求	m	6		
6	031001001006	镀锌钢管	1. 安装部位：室内 2. 介质：给水 3. 规格、压力等级：*DN*70 低压 4. 连接形式：丝接 5. 压力试验、水冲洗：按规范要求	m	42.6		
7	031001006001	塑料管	1. 安装部位：室内 2. 介质：给水 3. 材质、规格：PP—R、De20 4. 连接形式：热熔连接 5. 压力试验、水冲洗：按规范要求	m	60.9		
8	031001006002	塑料管	1. 安装部位：室内 2. 介质：给水 3. 材质、规格：PP—P、De25 4. 连接形式：热熔连接 5. 压力试验、水冲洗：按规范要求	m	58.8		

续表 4-49

序号	项目编码	项目名称	项目特征描述	计量单位	工程量	金额（元）	
						综合单价	合价
9	031001005001	铸铁管	1. 安装部位：室内 2. 介质：排水 3. 材质、规格：柔性排水铸铁管 *DN*50 4. 连接形式：柔性法兰连接 5. 闭水、通球试验：按规范要求	m	31.7		
10	031001005002	铸铁管	1. 安装部位：室内 2. 介质：排水 3. 材质、规格：柔性排水铸铁管 *DN*75 4. 连接形式：柔性法兰连接 5. 闭水、通球试验：按规范要求	m	11.4		
11	031001005003	铸铁管	1. 安装部位：室内 2. 介质：排水 3. 材质、规格：柔性排水铸铁管 *DN*100 4. 连接形式：柔性法兰连接 5. 闭水、通球试验：按规范要求	m	107.4		
12	031002001001	管道支架	1. 材质：型钢 2. 管架形式：一般管架	kg	87.62		
13	031003001001	螺纹阀门	1. 类型：J11W－10T 截止阀 2. 材质：铜 3. 规格、压力等级：*DN*70 低压 4. 连接形式：丝接	个	2		

续表 4-49

序号	项目编码	项目名称	项目特征描述	计量单位	工程量	金额（元）	
						综合单价	合价
14	031003001002	螺纹阀门	1. 类型：J11W－10T 截止阀 2. 材质：铜 3. 规格、压力等级：*DN*40 低压 4. 连接形式：丝接	个	9		
15	031003001003	螺纹阀门	1. 类型：J11W－10T 截止阀 2. 材质：铜 3. 规格、压力等级：*DN*32 低压 4. 连接形式：丝接	个	1		
16	031004003001	洗脸盆	1. 材质：陶瓷 2. 规格、类型：单孔、立柱式洗脸盆 3. 组装形式：感应水嘴	组	14		
17	031004006001	大便器	1. 材质：陶瓷 2. 规格、类型：蹲便器 3. 组装形式：脚踏阀冲水	组	28		
18	031004006002	大便器	1. 材质：陶瓷 2. 规格、类型：连体坐便器 3. 组装形式：直排水	组	2		
19	031004007001	小便器	1. 材质：陶瓷 2. 规格、类型：立式小便器 3. 组装形式：自闭阀冲洗、落地安装	组	11		
20	031004014001	水嘴	1. 材质：全铜 2. 型号、规格：陶瓷片密封水嘴 *DN*15	个	2		

续表 4-49

序号	项目编码	项目名称	项目特征描述	计量单位	工程量	金额（元）	
						综合单价	合价
21	031004014002	带存水弯排水栓	1. 材质：尼龙排水栓、PVC－U存水弯 2. 规格：*DN*50	个	2		
22	031004014003	地漏	1. 材质：铸铁 2. 规格：*DN*50	个	6		
23	031004014004	地漏	1. 材质：铸铁 2. 规格：*DN*75	个	1		
24	031004014005	地面清扫口	1. 材质：铸铁 2. 规格：*DN*100	个	6		

【例 4-23】 设计说明：

1）某工程为某职工宿舍楼，层高 3.6m，地上四层。

2）本工程采用上供下回单管式热水采暖系统，供水干管敷设在四层楼板下，回水干管敷设在首层暖气沟内。详见图 4-59～图 4-61。

3）采暖热媒为 95℃/70℃低温热水，由室外供热管网供给。

4）散热器采用 T－750 型辐射直翼对流铸铁散热器，工作压力 P＝1.0MPa，落地安装。

5）供水干管末端设自动排气阀，采用 ZP88－1 型立式铸铜自动排气阀；回水干管末端设泄水阀。

6）供回水干管阀门采用 244T－16 闸阀，工作压力 P＝1.6MPa；供回水立管、支管阀门及循环阀、泄水阀均采用 215W－16T 铜截止阀；顶层散热器上设置手动放风阀。

施工要求：

1）采暖管道采用焊接钢管，*DN*32 以内采用螺纹连接（丝接），大于 *DN*32 采用焊接。

2）阀门连接方式同采暖管道。

3）所有管道、管件、支架表面除锈后，刷防锈漆两道，明装不保温部分再刷银粉漆两道。

4）敷设在暖气沟内的管道均需保温，保温材料采用岩棉管壳，厚度为 40mm，外缠玻璃布保护层一道，具体做法见《建筑设备施工安装通用图集》91SB1—1—2005。

5）系统安装完毕按规范要求应进行分段和整体水压试验。

6）系统投入使用前必须进行水冲洗。

试列出该采暖工程分部分项工程项目清单。

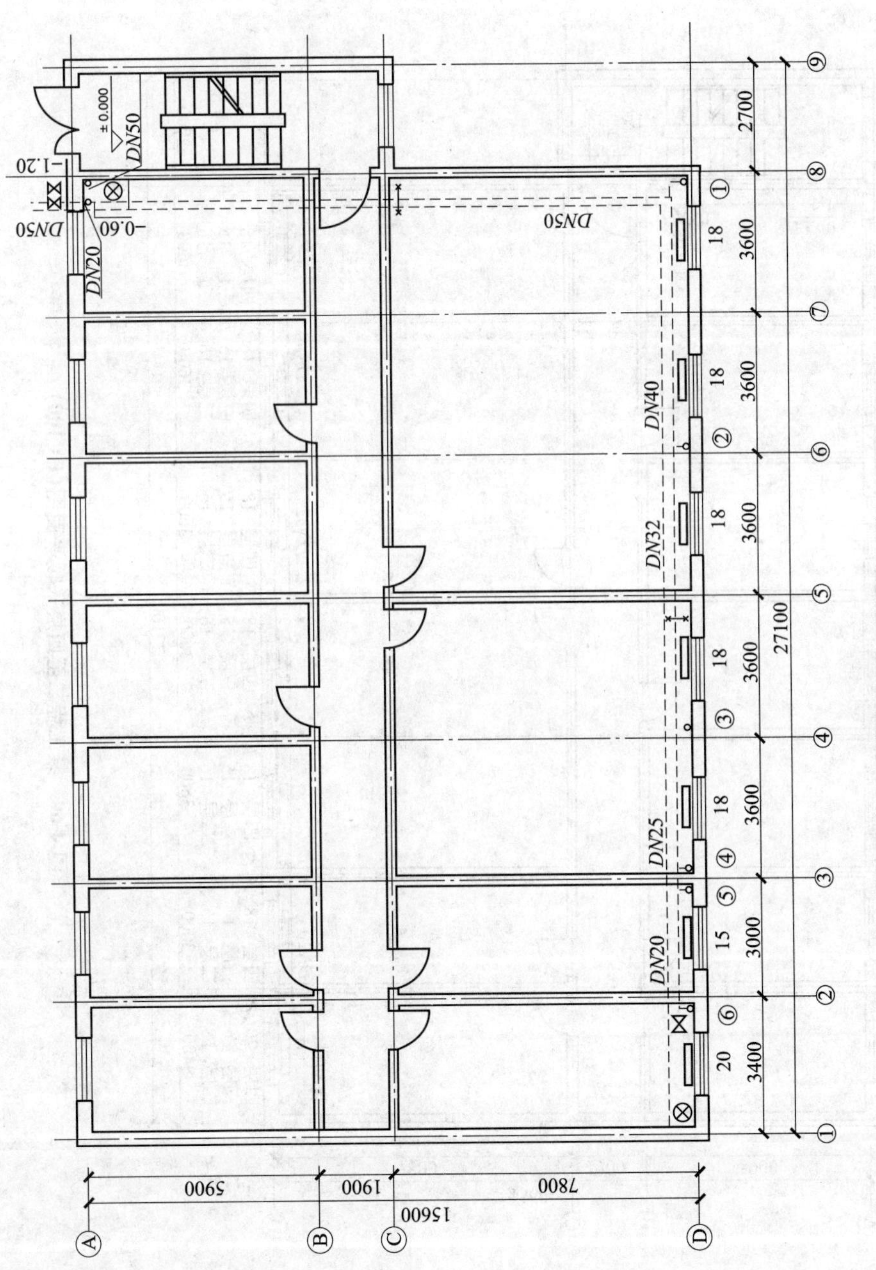

图 4-59　某工程首层采暖平面图（1：100）

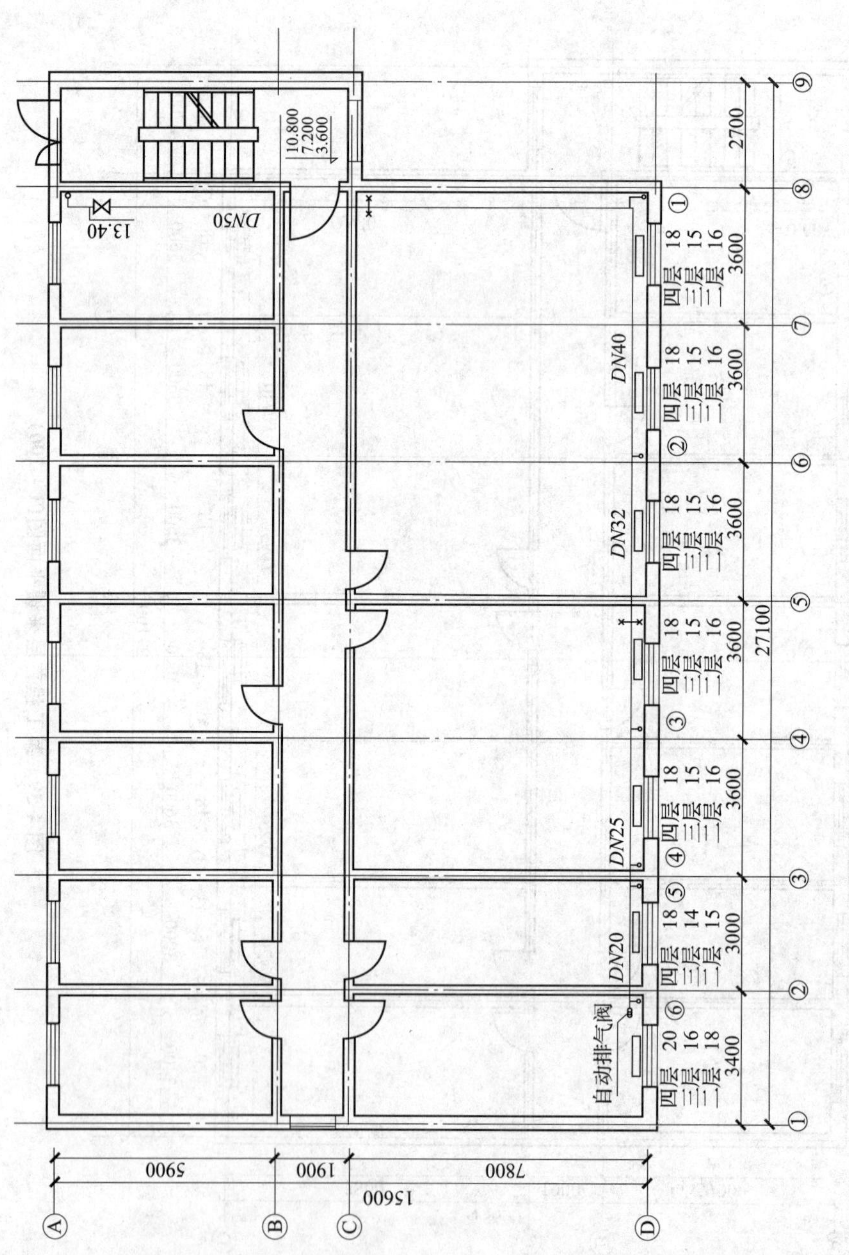

图 4-60 某工程二至四层采暖平面图（1：100）

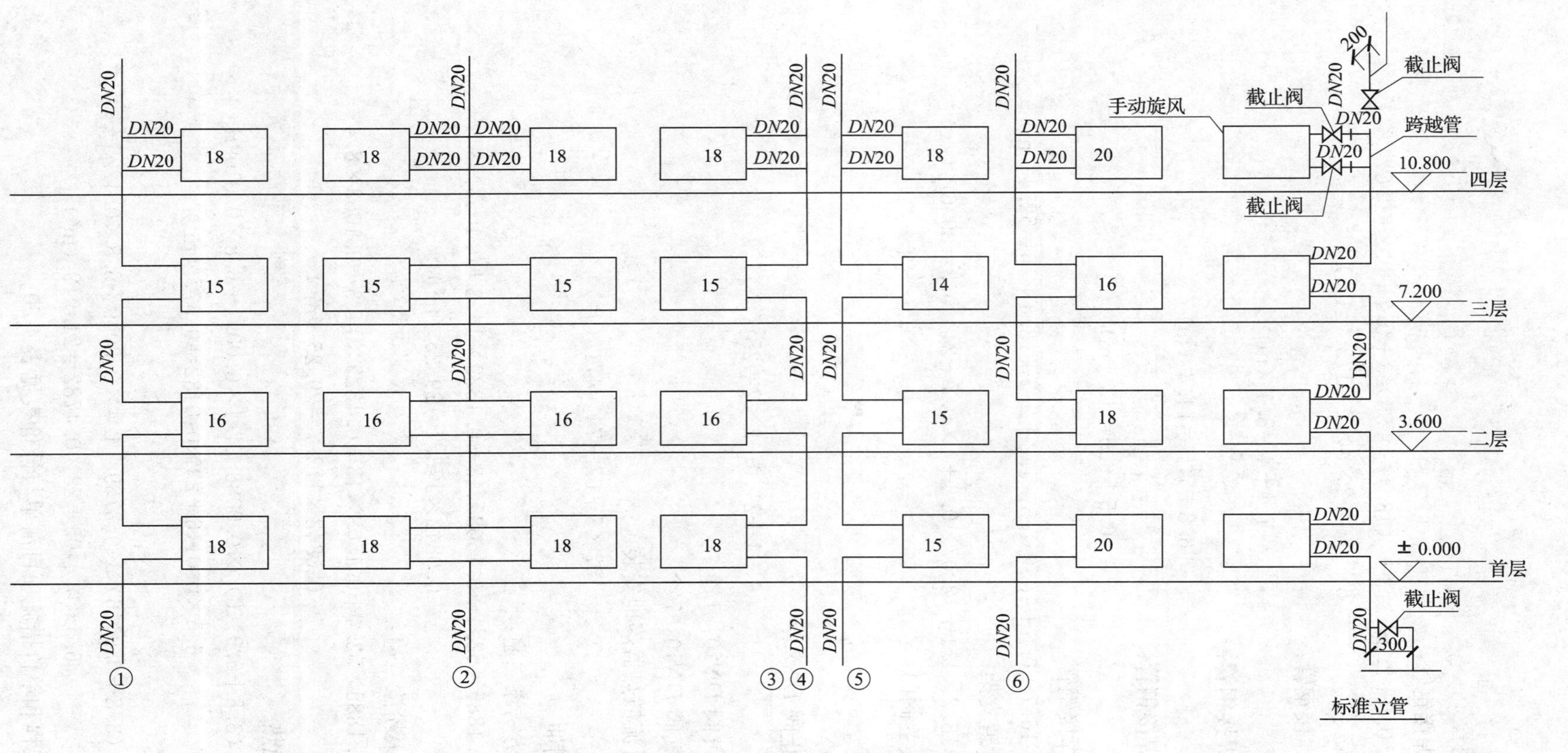

图 4-61　某工程采暖立管图

【解】

(1) 焊接钢管

1) $DN20$ 焊接钢管：

$$0.5+3.2+3.3+(13.4-0.55\times3+0.2+0.3+0.6)\times6+1.6\times2\times4\times7=173.7\ (\text{m})$$

2) $DN25$ 焊接钢管：

$$4.4+4=8.4\ (\text{m})$$

3) $DN32$ 焊接钢管：

$$6.8+7.5=14.3\ (\text{m})$$

4) $DN40$ 焊接钢管：

$$6.5+6.5=13\ (\text{m})$$

5) $DN50$ 焊接钢管：

$$16.7+0.6+1.5+1.5+1.2+2.5+13.4+15=52.4\ (\text{m})$$

(2) 型钢管道支架

$$18.2\times1.1+12.07\times0.8+4\times0.7+24\times0.3=39.67\ (\text{kg})$$

(3) 焊接法兰阀门

3个。

(4) 阀门

1) 螺纹截止阀 $DN20$：

$$1+1+2\times6+2\times7=28\ (\text{个})$$

2) 自动排气阀 $DN20$：1个

3) 手动放气阀 $DN10$：7个

(5) 辐射对流散热器落地安装

$$67\times5+62+74=471\ (\text{片})$$

(6) 管道刷油

1) 管道刷防锈漆二遍：

$$0.1885\times52.4+0.1508\times13+0.1329\times14.3+0.1053\times8.4+0.0842\times173.7=29.25\ (\text{m}^2)$$

2) 管道刷银粉漆二遍：

$$0.1885\times52.4+0.1508\times13+0.1329\times14.3+0.1053\times8.4+0.0842\times173.7=29.25\ (\text{m}^2)$$

(7) 管道绝热

$$(3.8+0.9\times6)\times0.0088+4.4\times0.0097+6.8\times0.0109+6.5\times0.0116+23\times0.0132=0.577\ (\text{m}^3)$$

(8) 保护层

$$(3.8+0.9\times6)\times0.3739+4.4\times0.3949+6.8\times0.4225+6.5\times0.4405+23\times0.4782=21.912\ (\text{m}^2)$$

分部分项工程和单价措施项目清单与计价表见表4-50。

表 4-50 分部分项工程和单价措施项目清单与计价表

工程名称：某给排水工程

序号	项目编码	项目名称	项目特征描述	计量单位	工程量	金额（元）	
						综合单价	合价
1	031001002001	钢管	1. 安装部位：室内 2. 介质：热媒体 3. 规格：*DN*20 4. 连接形式：丝接 5. 压力试验、水冲洗：按规范要求	m	173.7		
2	031001002002	钢管	1. 安装部位：室内 2. 介质：热媒体 3. 规格：*DN*25 4. 连接形式：丝接 5. 压力试验、水冲洗：按规范要求	m	8.4		
3	031001002003	钢管	1. 安装部位：室内 2. 介质：热媒体 3. 规格：*DN*32 4. 连接形式：丝接 5. 压力试验、水冲洗：按规范要求	m	14.3		
4	031001002004	钢管	1. 安装部位：室内 2. 介质：热媒体 3. 规格：*DN*40 4. 连接形式：焊接 5. 压力试验、水冲洗：按规范要求	m	13		
5	031001002005	钢管	1. 安装部位：室内 2. 介质：热媒体 3. 规格：*DN*50 4. 连接形式：焊接 5. 压力试验、水冲洗：按规范要求	m	52.4		

续表 4-50

序号	项目编码	项目名称	项目特征描述	计量单位	工程量	金额（元）	
						综合单价	合价
6	031002001001	管道支架	1. 材质：型钢 2. 管架形式：一般管架	kg	39.67		
7	031003003001	焊接法兰阀门	1. 类型：244T-16 闸阀 2. 材质：碳钢 3. 规格：*DN*50 4. 压力：P=1.6MPa 5. 焊接方法：平焊	个	3		
8	031003001001	螺纹阀门	1. 类型：215W-16T 截止阀 2. 材质：铜 3. 规格：*DN*20 4. 压力：P=1.6MPa 5. 连接形式：丝接	个	28		
9	031003001002	螺纹阀门	1. 类型：ZP88-1 型立式铸铜自动排气阀 2. 材质：铜 3. 规格：*DN*20 4. 压力：P=1.0MPa 5. 连接形式：丝接	个	1		
10	031003001003	螺纹阀门	1. 类型：手动放风阀 2. 材质：铜 3. 规格：*DN*10 4. 安装位置：散热器上	个	7		
11	031005001001	铸铁散热器	1. 型号、规格：T-750 型辐射直翼对流铸铁散热器 2. 安装方式：落地安装 3. 托架：厂配	片	471		
12	031201001001	管道刷油	1. 除锈级别：手工除微锈 2. 油漆品种：红丹防锈漆 3. 涂刷遍数：二遍	m^2	29.25		

续表 4-50

序号	项目编码	项目名称	项目特征描述	计量单位	工程量	金额（元）	
						综合单价	合价
13	031201001002	管道刷油	1. 除锈级别：手工除微锈 2. 油漆品种：银粉漆 3. 涂刷遍数：二遍	m^2	29.25		
14	031208002001	管道绝热	1. 绝热材料：岩棉管壳 2. 绝热厚度：40mm	m^3	0.577		
15	031208007001	保护层	1. 材料：玻璃布 2. 层数：一层	m^2	21.912		

5 水暖工程工程量清单计价编制实例

5.1 水暖工程工程量清单编制实例

现以某住宅楼采暖及给水排水安装工程为例介绍工程量清单编制（由委托工程造价咨询人编制）。

1. 封面

【填制说明】 招标工程量清单封面应填写招标工程项目的具体名称，招标人应盖单位公章。如委托工程造价咨询人编制，还应由其加盖相同单位公章。

招标人委托工程造价咨询人编制招标工程量清单的封面，除招标人盖单位公章外，还应加盖受委托编制招标工程量清单的工程造价咨询人的单位公章。

封-1 招标工程量清单封面

某住宅楼采暖及给水排水安装 工程

招标工程量清单

招 标 人： ××公司

（单位盖章）

造价咨询人： ××工程造价咨询企业

（单位盖章）

××年×月×日

2. 扉页

【填制说明】

1）招标人自行编制工程量清单时，招标工程量清单扉页由招标人单位注册的造价人员编制，招标人盖单位公章，法定代表人或其授权人签字或盖章。编制人是造价工程师的，由其签字盖执业专用章；编制人是造价员的，在编制人栏签字盖专用章，应由造价工程师复核，并在复核人栏签字盖执业专用章。

2）招标人委托工程造价咨询人编制工程量清单时，招标工程量清单扉页由工程造价咨询人单位注册的造价人员编制，工程造价咨询人盖单位资质专用章，法定代表人或其授权人签字或盖章。编制人是造价工程师的，由其签字盖执业专用章；编制人是造价员的，在编制人栏签字盖专用章，应由造价工程师复核，并在复核人栏签字盖执业专用章。

扉-1　招标工程量清单扉页

某住宅楼采暖及给水排水安装 **工程**

招标工程量清单

招标人： ××公司
（单位盖章）

造价咨询人： ××工程造价咨询企业
（单位资质专用章）

法定代表人
或其授权人： ××公司代表人
（签字或盖章）

法定代表人
或其授权人： ××工程造价咨询企业代表人
（签字或盖章）

编制人： ××造价工程师或造价员
（造价人员签字盖专用章）

复核人： ××造价工程师
（造价工程师签字盖专用章）

编制时间：××年×月×日

复核时间：××年×月×日

3. 总说明

【填制说明】 编制工程量清单的总说明内容应包括：

1）工程概况：如建设地址、建设规模、工程特征、交通状况、环保要求等。

2）工程发包、分包范围。

3）工程量清单编制依据：如采用的标准、施工图纸、标准图集等。

4）使用材料设备、施工的特殊要求等。

5）其他需要说明的问题。

表-01 总 说 明

工程名称：某住宅楼采暖及给水排水安装工程　　　　第1页 共1页

1. 工程批准文号。
2. 建设地址：××市××路
3. 建设规模：总建筑面积5785m²，2栋18层、1栋11层
4. 施工现场特点：预应力混凝土管桩基础，框剪结构。
5. 交通质量要求。
6. 交通条件。
7. 环境保护要求。
8. 主要技术要求和参数。
9. 工程量清单编制依据。

（1）本工程设计图纸，设计变更洽商以及有关的设计文件。

（2）《建设工程工程量清单计价规范》GB 50500—2013、《通用安装工程工程量计算规范》GB 50856—2013。

（3）建筑安装分项工程施工工艺标准。

10. 其他。

4. 分部分项工程和单价措施项目清单与计价表

【填制说明】 编制工程量清单时，分部分项工程和单价措施项目清单与计价表中，“工程名称”栏应填写具体的工程称谓；“项目编码”栏应按相关工程国家计量规范项目编

码栏内规定的9位数字另加3位顺序码填写；“项目名称”栏应按相关工程国家计量规范根据拟建工程实际确定填写；“项目描述”栏应按相关工程国家计量规范根据拟建工程实际予以描述。

“项目描述”栏的具体要求如下：

1）必须描述的内容：

①涉及正确计量的内容必须描述。

②涉及结构要求的内容必须描述。如混凝土构件的混凝土强度等级，是使用C20、C30或C40等，因混凝土强度等级不同，其价值也不同，必须描述。

③涉及材质要求的内容必须描述。如管材的材质，是碳钢管还是塑料管、不锈钢管等；还需要对管材的规格、型号进行描述。

④涉及安装方式的内容必须描述。如管道工程中的钢管的连接方式是螺纹连接还是焊接；塑料管是黏结连接还是热熔连接等必须描述。

2）可不详细描述的内容：

①无法准备描述的可不详细描述。如土壤类别，由于我国幅员辽阔，南北东西差异较大，特别是对于南方来说，在同一地点，由于表层与表层土以下的土壤，其类别是不同的，要求清单编制人准确判定某类土壤在石方中所占比例是困难的。在这种情况下，可考虑将土壤类别描述为综合，但应注明由投标人根据地质勘探资料自行确定土壤类别，决定报价。

②施工图纸、标准图集明确的，可不再详细描述。对这些项目可描述为见××图集××页号及节点大样等。由于施工图纸、标准图集是发承包双方都应遵守的技术文件，这样描述，可以有效减少在施工过程中对项目理解的不一致。

③有一些项目虽然可不详细描述，但清单编制人在项目特征描述中应注明由投标人自定，如土方工程中的“取土运距”、“弃土运距”等。

④一些地方以项目特征见××定额的表述也是值得考虑的。由于现行定额经过了几十年的贯彻实施，每个定额项目实质上都是一定项目特征下的消耗量标准及其价值表示，因此，如清单项目的项目特征与现行定额某些项目的规定是一致的，也可采用见××定额项目的方式予以表述。

3）特征描述的方式。特征描述的方式大致可划分为“问答式”与“简化式”两种。

①问答式主要是工程量清单编写者直接采用工程计价软件上提供的规范，在要求描述的项目特征上采用答题的方式进行描述。这种方式的优点是全面、详细，缺点是显得啰嗦，打印用纸较多。

②简化式则与问答式相反，对需要描述的项目特征内容根据当地的用语习惯，采用口语化的方式直接表述，省略了规范上的描述要求，简洁明了，打印用纸较少。

“计量单位”应按相关工程国家计量规范的规定填写。有的项目规范中有两个或两个以上计量单位的，应按照最适宜计量的方式选择其中一个填写。

“工程量”应按相关工程国家计量规范规定的工程量计算规则计算填写。

按照本表的注示：为了记取规费等的使用，可在表中增设其中：“定额人工费”，由于各省、自治区、直辖市以及行业建设主管部门对规费记取基础的不同设置，可灵活处理。

表-08 分部分项工程和单价措施项目清单与计价表（一）

工程名称：某住宅楼采暖及给水排水安装工程　　　标段：　　　　第1页　共4页

序号	项目编码	项目名称	项目特征描述	计量单位	工程量	金额（元）		
						综合单价	合价	其中
								暂估价
			Ⅰ. 采暖工程					
1	031001002001	钢管	1. 室内焊接钢管安装，*DN*15 2. 螺纹连接 3. 手工除锈，刷一次防锈漆、两次银粉漆 4. 镀锌铁皮套管	m	1325.00			
2	031001002002	钢管	1. 室内焊接钢管安装，*DN*20 2. 螺纹连接 3. 手工除锈，刷一次防锈漆、两次银粉漆 4. 镀锌铁皮套管	m	1855.00			
3	031001002003	钢管	1. 室内焊接钢管安装，*DN*25 2. 螺纹连接 3. 手工除锈，刷一次防锈漆、两次银粉漆 4. 镀锌铁皮套管	m	1030.00			
4	031001002004	钢管	1. 室内焊接钢管安装，*DN*32 2. 螺纹连接 3. 手工除锈，刷一次防锈漆、两次银粉漆 4. 镀锌铁皮套管	m	95.00			
5	031001002005	钢管	1. 室内焊接钢管安装，*DN*40 2. 手工电弧焊 3. 手工除锈，刷两次防锈漆 4. 玻璃布保护层，刷两次调和漆 5. 钢套管	m	120.00			
			分部小计					
			本页小计					
			合　计					

注：为计取规费等的使用，可在表中增设其中："定额人工费"。

表-08 分部分项工程和单价措施项目清单与计价表（二）

工程名称：某住宅楼采暖及给水排水安装工程 标段： 第2页 共4页

序号	项目编码	项目名称	项目特征描述	计量单位	工程量	金额（元）		
						综合单价	合价	其中
								暂估价
			Ⅰ. 采暖工程					
6	031001002006	钢管	1. 室内焊接钢管安装，DN50 2. 手工电弧焊 3. 手工除锈，刷两次防锈漆 4. 玻璃布保护层，刷两次调和漆 5. 钢套管	m	230.00			
7	031001002007	钢管	1. 室内焊接钢管安装，DN70 2. 手工电弧焊 3. 手工除锈，刷两次防锈漆 4. 玻璃布保护层，刷两次调和漆 5. 钢套管	m	180.00			
8	031001002008	钢管	1. 室内焊接钢管安装，DN80 2. 手工电弧焊 3. 手工除锈，刷两次防锈漆 4. 玻璃布保护层，刷两次调和漆 5. 钢套管	m	95.00			
9	031001002009	钢管	1. 室内焊接钢管安装，DN100 2. 手工电弧焊 3. 手工除锈，刷两次防锈漆 4. 玻璃布保护层，刷两次调和漆 5. 钢套管	m	70.00			
10	031003009001	补偿器	方形补偿器制作，DN100	个	2			
11	031003009002	补偿器	方形补偿器制作，DN80	个	2			
12	031003009003	补偿器	方形补偿器制作，DN70	个	4			
13	031003009004	补偿器	方形补偿器制作，DN50	个	4			
			分部小计					
			本页小计					
			合 计					

注：为计取规费等的使用，可在表中增设其中："定额人工费"。

表-08 分部分项工程和单价措施项目清单与计价表（三）

工程名称：某住宅楼采暖及给水排水安装工程　　　标段：　　　第3页　共4页

序号	项目编码	项目名称	项目特征描述	计量单位	工程量	金额（元）		
						综合单价	合价	其中
								暂估价
			Ⅰ. 采暖工程					
14	031003001001	螺纹阀门	1. 阀门安装，J1lT-16-15 2. 螺纹连接	个	84			
15	031003001002	螺纹阀门	1. 阀门安装，J1lT-16-20 2. 螺纹连接	个	76			
16	031003001003	螺纹阀门	1. 阀门安装，J1lT-16-25 2. 螺纹连接	个	52			
17	031003003001	焊接法兰阀门	1. 阀门安装，J1lT-16-100 2. 螺纹连接	个	6			
18	031005001001	铸铁散热器	1. 铸铁暖气片安装，柱型813 2. 手工除锈，刷一次防锈漆、两次银粉漆	片	5385			
19	031003005001	塑料阀门	塑料阀门安装，*DN*20	个	5			
20	031003001001	管道支架	1. 管道支架制作安装 2. 手工除锈，刷一次防锈漆、两次调和漆	kg	1200.00			
21	031009001001	采暖工程系统调试	—	系统	1			
			分部小计					
			Ⅱ. 给水排水工程					
22	031001001001	镀锌钢管	1. 室内给水镀锌钢管，*DN*80 2. 螺纹连接	m	4.30			
23	031001001002	镀锌钢管	1. 室内给水镀锌钢管，*DN*70 2. 螺纹连接	m	20.90			
24	031001006001	塑料管	1. 室内排水塑料管，*DN*100 2. 零件粘接	m	45.70			
			分部小计					
			本页小计					
			合　计					

注：为计取规费等的使用，可在表中增设其中："定额人工费"。

表-08 分部分项工程和单价措施项目清单与计价表（四）

工程名称：某住宅楼采暖及给水排水安装工程　　　标段：　　　　　第 4 页　共 4 页

序号	项目编码	项目名称	项目特征描述	计量单位	工程量	金额（元）		
						综合单价	合价	其中 暂估价
			Ⅱ. 给水排水工程					
25	031001006002	塑料管	1. 室内排水塑料管，*DN*75 2. 零件粘接	m	0.50			
26	031001007001	塑料复合管	1. 室内排水复合管，*DN*40 2. 螺纹连接	m	23.60			
27	031001007002	塑料复合管	1. 室内排水复合管，*DN*20 2. 螺纹连接	m	14.60			
28	031001007003	塑料复合管	1. 室内排水复合管，*DN*15 2. 螺纹连接	m	4.60			
29	031003001002	管道支架	管道支架制作安装	kg	4.94			
30	031003013001	水表	水表，*DN*20	组	1			
31	031004003001	洗脸盆	陶瓷	组	3			
32	031004010001	淋浴器	1. 钛合金材质淋浴器 2. 明装挂墙式安装	组	1			
33	031004006001	大便器	规格：490mm × 510mm × 150mm，带水箱	套	5			
34	031004014001	给水附配件	排水栓安装 *DN*50	组	1			
35	031004014002	给水附配件	水龙头，铜 *DN*15	个	4			
36	031004014003	排水附配件	地漏，铸铁 *DN*10	个	3			
			分部小计					
			本页小计					
			合　计					

注：为计取规费等的使用，可在表中增设其中："定额人工费"。

5. 总价措施项目清单与计价表

【填制说明】 编制工程量清单时，总价措施项目清单与计价表中的项目可根据工程实际情况进行增减。

表-11　总价措施项目清单与计价表

工程名称：某住宅楼采暖及给水排水安装工程　　标段：　　第1页　共1页

序号	项目编码	项目名称	计算基础	费率（%）	金额（元）	调整费率（%）	调整后金额（元）	备注
1	031302001001	安全文明施工费						
2	031302002001	夜间施工增加费						
3	031302004001	二次搬运费						
4	031302005001	冬雨季施工增加费						
5	031302006001	已完工程及设备保护费						
合　计								

编制人（造价人员）：　　　　　　复核人（造价工程师）：

注：1.“计算基础”中安全文明施工费可为“定额基价”、“定额人工费”或“定额人工费＋定额机械费”，其他项目可为“定额人工费”或“定额人工费＋定额机械费”。

2. 按施工方案计算的措施费，若无“计算基础”和“费率”的数值，也可只填“金额”数值，但应在备注栏说明施工方案出处或计算方法。

6. 其他项目清单与计价表

【填制说明】 编制招标工程量清单时，其他项目清单与计价汇总表应汇总“暂列金额”和“专业工程暂估价”，以提供给投标报价。

表-12 其他项目清单与计价汇总表

工程名称：某住宅楼采暖及给水排水安装工程　　标段：　　第1页　共1页

序号	项目名称	金额（元）	结算金额（元）	备注
1	暂列金额	10000.00		明细见表-12-1
2	暂估价	10000.00		
2.1	材料（工程设备）暂估价	—		明细详见表-12-2
2.2	专业工程暂估价	10000.00		明细详见表-12-3
3	计日工			明细详见表-12-4
4	总承包服务费			明细详见表-12-5
合计		20000.00		—

注：材料（工程设备）暂估单价进入清单项目综合单价，此处不汇总。

(1) 暂列金额明细表

【填制说明】 投标人只需要直接将招标工程量清单中所列的暂列金额纳入投标总价，并且不需要在所列的暂列金额以外再考虑任何其他费用。

表-12-1 暂列金额明细表

工程名称：某住宅楼采暖及给水排水安装工程 标段： 第1页 共1页

序号	项目名称	计量单位	暂列金额（元）	备注
1	政策性调整和材料价格风险	项	7500.00	
2	其他	项	2500.00	
合计			10000.00	

注：此表由招标人填写，如不能详列，也可只列暂定金额总额，投标人应将上述暂列金额计入投标总价中。

(2) 材料（工程设备）暂估单价及调整表

【填制说明】 一般而言，招标工程量清单中列明的材料、工程设备的暂估价仅指此类材料、工程设备本身运至施工现场内工地地面价，不包括这些材料、工程设备的安装以及安装所必需的辅助材料以及发生在现场内的验收、存储、保管、开箱、二次搬运、从存放地点运至安装地点以及其他任何必要的辅助工作（以下简称“暂估价项目的安装及辅助工作”）所发生的费用。暂估价项目的安装及辅助工作所发生的费用应该包括在投标报价中的相应清单项目的综合单价中并且固定包死。

表-12-2 材料（工程设备）暂估单价及调整表

工程名称：某住宅楼采暖及给水排水安装工程 标段： 第1页 共1页

序号	材料（工程设备）名称、规格、型号	计量单位	数量		暂估（元）		确认（元）		差额±（元）		备注
			暂估	确认	单价	合价	单价	合价	单价	合价	
1	焊接钢管	t	30		3670.00						
2	散热器813	片	1000		9.62						
	(其他略)										
合计											

注：此表由招标人填写“暂估单价”，并在备注栏说明暂估价的材料、工程设备拟用在哪些清单项目上，投标人应将上述材料，工程设备暂估单价计入工程量清单综合单价报价中。

(3) 专业工程暂估价表

【填制说明】 专业工程暂估价应在表内填写工程名称、工程内容、暂估金额，投标人应将上述金额计入投标总价中。

专业工程暂估价项目及其表中列明的专业工程暂估价，是指分包人实施专业工程的含税金后的完整价（即包含了该专业工程中所有供应、安装、完工、调试、修复缺陷等全部工作），除了合同约定的发包人应承担的总包管理、协调、配合和服务责任所对应的总承包服务费用以外，承包人为履行其总包管理、配合、协调和服务等所需发生的费用应该包括在投标报价中。

表-12-3 专业工程暂估价表

工程名称：某住宅楼采暖及给水排水安装工程　　标段：　　第1页　共1页

序号	工程名称	工程内容	暂估金额（元）	结算金额（元）	差额±（元）	备注
1	消防工程	合同图纸中标明的以及消防工程规范和技术说明中规定的各系统中的设备、管道、阀门、线缆等的供应、安装和调试工作	10000.00			
合计			10000.00			

注：此表"暂估金额"由招标人填写，投标人应将"暂估金额"计入投标总价中。

(4) 计日工表

【填制说明】 编制工程量清单时，计日工表中的“项目名称”、“计量单位”、“暂估数量”由招标人填写。

表-12-4 计日工表

工程名称：某住宅楼采暖及给水排水安装工程 标段 第1页 共1页

编号	项目名称	单位	暂定数量	实际数量	综合单价（元）	合价（元）	
						暂定	实际
一	人工						
1	管道工	工日	70				
2	电焊工	工日	35				
3	其他工种	工日	35				
人工小计							
二	材料						
1	电焊条	kg	12				
2	氧气	m^3	18				
3	乙炔条	kg	88				
材料小计							
三	施工机械						
1	直流电焊机 20kW	台班	25				
2	汽车起重机，8t	台班	30				
3	载重汽车，8t	台班	25				
施工机械小计							
四、企业管理费和利润							
合 计							

注：此表项目名称、暂定数量由招标人填写，编制招标控制价时，单价由招标人按有关计价规定确定；投标时，单价由投标人自主报价，按暂定数量计算合价计入投标总价中。结算时，按承包双方确认的实际数量计算。

（5）总承包服务费计价表

【填制说明】 编制招标工程量清单时，招标人应将拟定进行专业发包的专业工程，自行采购的材料设备等决定清楚，填写项目名称、服务内容，以便投标人决定报价。

表-12-5 总承包服务费计价表

工程名称：某住宅楼采暖及给水排水安装工程 标段： 第1页 共1页

序号	项目名称	项目价值（元）	服务内容	计算基础	费率（%）	金额（元）
1	发包人发包专业工程	45000	1. 按专业工程承包人的要求提供施工工作面并对施工现场进行统一整理汇总 2. 为专业工程承包人提供垂直运输机械和焊接电源接入点，并承担垂直运输费和电费			
	合 计	—	—		—	

注：此表项目名称、服务内容有招标人填写，编制招标控制价时，费率及金额由招标人按有关计价规定确定；投标时，费率及金额由投标人自主报价，计入投标总价中。

7. 规费、税金项目计价表

【填制说明】 在施工实践中，有的规费项目，如工程排污费，并非每个工程所在地都要征收，实践中可作为按实计算的费用处理。

表-13 规费、税金项目计价表

工程名称：某住宅楼采暖及给水排水安装工程 标段： 第1页 共1页

序号	项目名称	计算基础	计算基数	计算费率（%）	金额（元）
1	规费	定额人工费			
1.1	社会保险费	定额人工费	(1)＋…＋(5)		
(1)	养老保险费	定额人工费			
(2)	失业保险费	定额人工费			
(3)	医疗保险费	定额人工费			
(4)	工伤保险费	定额人工费			
(5)	生育保险费	定额人工费			
1.2	住房公积金	定额人工费			
1.3	工程排污费	按工程所在地环境保护部门收取标准，按实计入			
2	税金	分部分项工程费＋措施项目费＋其他项目费＋规费－按规定不计税的工程设备金额			
合计					

编制人（造价人员）： 复核人（造价工程师）：

8. 主要材料、工程设备一览表

【填制说明】 《建设工程工程量清单计价规范》GB 50500—2013 中新增加“主要材料、工程设备一览表”，由于材料等价格占据合同价款的大部分，对材料价款的管理历来是发承包双方十分重视的，因此，规范针对发包人供应材料设置了“发包人提供材料和工程设备一览表”，针对承包人供应材料按当前最主要的调整方法设置了两种表式，分别适用于“造价信息差额调整法”与“价格指数差额调整法”。本例题由承包人提供主要材料和工程设备。

(1) 承包人提供主要材料和工程设备一览表 （适用于造价信息差额调整法）

表中“风险系数”应由发包人在招标文件中按照《建设工程工程量清单计价规范》GB 50500—2013 的要求合理确定。表中将风险系数、基准单价、投标单价、发承包人确认单价在一个表内全部表示，可以大大减少发承包双方不必要的争议。

表-21 承包人提供主要材料和工程设备一览表

（适用于造价信息差额调整法）

工程名称：某住宅楼采暖及给水排水安装工程　　标段：　　第1页　共1页

序号	名称、规格、型号	单位	数量	风险系数（%）	基准单价（元）	投标单价（元）	发承包人确认单价（元）	备注
1	预拌混凝土 C20	m^3	20	≤5	313			
2	预拌混凝土 C25	m^3	320	≤5	322			
3	预拌混凝土 C30	m^3	1600	≤5	345			

注：1. 此表由招标人填写除“投标单价”栏的内容，投标人在投标时自主确定投标单价。

2. 投标人应优先采用工程造价管理机构发布的单价作为基准单价，未发布的，通过市场调查确定其基准单价。

(2)承包人提供主要材料和工程设备一览表 (适用于价格指数差额调整法)

表-22 承包人提供主要材料和工程设备一览表

(适用于价格指数差额调整法)

工程名称：某住宅楼采暖及给水排水安装工程　　标段：　　第1页 共1页

序号	名称、规格、型号	变值权重 B	基本价格指数 F_0	现行价格指数 F_t	备注
1	人工		110%		
2	钢材		3500元/t		
3	预拌混凝土C30		345元/m^3		
4	机械费		100%		
	定值权重 A		—	—	
合计		1	—	—	

注：1.“名称、规格、型号”、“基本价格指数”栏由招标人填写，基本价格指数应首先采用工程造价管理机构发布的价格指数，没有时，可采用发布的价格代替。如人工、机械费也采用本法调整由招标人在“名称”栏填写。

2.“变值权重”栏由投标人根据该项人工、机械费和材料、工程设备值在投标总报价中所占的比例填写，1减去其比例为定值权重。

3.“现行价格指数”按约定的付款证书相关周期最后一天的前42天的各项价格指数填写，该指数应首先采用工程造价管理机构发布的价格指数，没有时，可采用发布的价格代替。

5.2　水暖工程招标控制价编制实例

现以某住宅楼采暖及给水排水安装工程为例介绍招标控制价编制（由委托工程造价咨询人编制）。

1. 封面

【填制说明】

1）招标控制价封面应填写招标工程项目的具体名称，招标人应盖单位公章，如委托工程造价咨询人编制，还应由其加盖相同单位公章。

2）招标人委托工程造价咨询人编制招标控制价的封面，除招标人盖单位公章外，还应加盖受委托编制招标控制价的工程造价咨询人的单位公章。

封-2　招标控制价封面

某住宅楼采暖及给水排水安装　工程

招 标 控 制 价

招　标　人：××公司
（单位盖章）

造价咨询人：××工程造价咨询企业
（单位盖章）

××年×月×日

2. 扉页

【填制说明】

1）招标人自行编制招标控制价时，招标控制价扉页由招标人单位注册的造价人员编制，招标人盖单位公章，法定代表人或其授权人签字或盖章。编制人是造价工程师的，由其签字盖执业专用章；编制人是造价员的，由其在编制人栏签字盖专用章，应由造价工程师复核，并在复核人栏签字盖执业专用章。

2）招标人委托工程造价咨询人编制招标控制价时，招标控制价扉页由工程造价咨询人单位注册的造价人员编制，工程造价咨询人盖单位资质专用章，法定代表人或其授权人签字或盖章。编制人是造价工程师的，由其签字盖执业专用章；编制人是造价员的，在编制人栏签字盖专用章，应由造价工程师复核，并在复核人栏签字盖执业专用章。

扉-2 招标控制价扉页

某住宅楼采暖及给水排水安装 **工程**

招 标 控 制 价

招标控制价(小写)： 529745.18元

(大写)： 伍拾贰万玖仟柒佰肆拾伍元壹角捌分

招标人： ××公司
（单位盖章）

造价咨询人： ××工程造价咨询企业
（单位资质专用章）

法定代表人
或其授权人： ××公司代表人
（签字或盖章）

法定代表人
或其授权人： ××工程造价咨询企业代表人
（签字或盖章）

编制人： ××造价工程师或造价员
（造价人员签字盖专用章）

复核人： ××造价工程师
（造价工程师签字盖专用章）

编制时间：××年×月×日

复核时间：××年×月×日

3. 总说明

【填制说明】 编制招标控制价的总说明内容应包括：

1）采用的计价依据。

2）采用的施工组织设计。

3）采用的材料价格来源。

4）综合单价中风险因素、风险范围（幅度）。

5）其他。

表-01 总 说 明

工程名称：某住宅楼采暖及给水排水安装工程　　标段：　　第1页 共1页

1. 工程概况：××市××路，总建筑面积5785m²，2栋18层、1栋11层。预应力混凝土管桩基础，框剪结构。

2. 招标范围：给水排水及采暖安装工程。

3. 工程质量要求：优良工程。

4. 工期：60天。

5. 工程量清单编制依据：

5.1 由××市建筑工程设计事务所设计的施工图1套；

5.2 由××房地产开发公司编制的《某住宅楼采暖及给水排水安装工程施工招标书》、《某住宅楼采暖及给水排水安装工程招标答疑》；

5.3 工程量清单计量按照国标《建设工程工程量清单计价规范》GB 50500—2013、《通用安装工程工程量计算规范》GB 50856—2013编制；

5.4 因工程质量要求优良，故所有材料必须持有市以上有关部门颁发的《产品合格证书》及价格在中档以上的建筑材料；

5.5 工程量清单计费列表参考如下：（略）；

5.6 税金按3.413%计取。

4. 招标控制价汇总表

【填制说明】 由于编制招标控制价和投标控制价包含的内容相同，只是对价格的处理不同，因此，对招标控制价和投标报价汇总表的设计使用同一表格。实践中，招标控制价或投标报价可分别印制该表格。

表-02　建设项目招标控制价汇总表

工程名称：某住宅楼采暖及给水排水安装工程　　　　标段　　　　第1页　共1页

序号	单项工程名称	金额（元）	其中：（元）		
			暂估价	安全文明施工费	规费
1	某住宅楼采暖及给水排水安装工程	529745.18	70000.00	17790.75	30829.58
合　计		529745.18	70000.00	17790.75	30829.58

注：本表适用于建设项目招标控制价或投标报价的汇总。

表-03　单项工程招标控制价汇总表

工程名称：某住宅楼采暖及给水排水安装工程　　　　标段　　　　第1页　共1页

序号	单位工程名称	金额（元）	其中：（元）		
			暂估价	安全文明施工费	规费
1	某住宅楼采暖及给水排水安装工程	529745.18	70000.00	17790.75	30829.58
合　计		529745.18	70000.00	17790.75	30829.58

注：本表适用于单项工程招标控制价或投标报价的汇总。暂估价包括分部分项工程中的暂估价和专业工程暂估价。

表-04 单位工程招标控制价汇总表

工程名称：某住宅楼采暖及给水排水安装工程　　标段　　第1页 共1页

序号	汇总内容	金额（元）	其中：暂估价（元）
1	分部分项工程	404802.53	70000.00
1.1	Ⅰ.采暖工程	396570.24	69500.00
1.2	Ⅱ.给水排水工程	8232.29	500.00
2	措施项目	34602.94	—
2.1	其中：安全文明施工费	17990.75	—
3	其他项目	42026.64	—
3.1	其中：暂列金额	10000.00	—
3.2	其中：专业工程暂估价	10000.00	—
3.3	其中：计日工	19776.64	—
	其中：总承包服务费	2250	—
4	规费	30829.58	—
5	税金	17483.49	—
招标控制价合计=1+2+3+4+5		529745.18	70000.00

注：本表适用于单位工程招标控制价或投标报价的汇总，单项工程也使用本表汇总。

5. 分部分项工程和单价措施项目清单与计价表

【填制说明】 编制招标控制价时，分部分项工程和单价措施项目清单与计价表的"项目编码"、"项目名称"、"项目特征"、"计量单位"、"工程量"栏不变，对"综合单价"、"合价"以及"其中：暂估价"按《建设工程工程量清单计价规范》GB 50500—2013的规定填写。

表-08 分部分项工程和单价措施项目清单与计价表（一）

工程名称：某住宅楼采暖及给水排水安装工程　　标段：　　第1页　共4页

序号	项目编码	项目名称	项目特征描述	计量单位	工程量	金额（元）		
						综合单价	合价	其中：暂估价
			Ⅰ.采暖工程					
1	031001002001	钢管	1. 室内焊接钢管安装，DN15 2. 螺纹连接 3. 手工除锈，刷一次防锈漆、两次银粉漆 4. 镀锌铁皮套管	m	1325.00	21.45	28421.25	10000.00
2	031001002002	钢管	1. 室内焊接钢管安装，DN20 2. 螺纹连接 3. 手工除锈，刷一次防锈漆、两次银粉漆 4. 镀锌铁皮套管	m	1855.00	24.51	45466.05	20000.00
3	031001002003	钢管	1. 室内焊接钢管安装，DN25 2. 螺纹连接 3. 手工除锈，刷一次防锈漆、两次银粉漆 4. 镀锌铁皮套管	m	1030.00	39.44	40623.20	11000.00
4	031001002004	钢管	1. 室内焊接钢管安装，DN32 2. 螺纹连接 3. 手工除锈，刷一次防锈漆、两次银粉漆 4. 镀锌铁皮套管	m	95.00	36.24	3442.80	2000.00
5	031001002005	钢管	1. 室内焊接钢管安装，DN40 2. 手工电弧焊 3. 手工除锈，刷两次防锈漆 4. 玻璃布保护层，刷两次调和漆 5. 钢套管	m	120.00	68.24	8111.80	3000.00
			分部小计				126065.10	46000.00
			本页小计				126065.10	46000.00
			合　计				126065.10	46000.00

注：为计取规费等的使用，可在表中增设其中："定额人工费"。

表-08 分部分项工程和单价措施项目清单与计价表（二）

工程名称：某住宅楼采暖及给水排水安装工程　　标段：　　　　　　第2页 共4页

序号	项目编码	项目名称	项目特征描述	计量单位	工程量	金额（元）		
						综合单价	合价	其中 暂估价
			Ⅰ.采暖工程					
6	031001002006	钢管	1. 室内焊接钢管安装，*DN*50 2. 手工电弧焊 3. 手工除锈，刷两次防锈漆 4. 玻璃布保护层，刷两次调和漆 5. 钢套管	m	230.00	70.88	16302.40	7000.00
7	031001002007	钢管	1. 室内焊接钢管安装，*DN*70 2. 手工电弧焊 3. 手工除锈，刷两次防锈漆 4. 玻璃布保护层，刷两次调和漆 5. 钢套管	m	180.00	90.28	16250.40	7000.00
8	031001002008	钢管	1. 室内焊接钢管安装，*DN*80 2. 手工电弧焊 3. 手工除锈，刷两次防锈漆 4. 玻璃布保护层，刷两次调和漆 5. 钢套管	m	95.00	102.56	9743.20	5000.00
9	031001002009	钢管	1. 室内焊接钢管安装，*DN*100 2. 手工电弧焊 3. 手工除锈，刷两次防锈漆 4. 玻璃布保护层，刷两次调和漆 5. 钢套管	m	70.00	105.13	7359.10	4500.00
10	031003009001	补偿器	方形补偿器制作，*DN*100	个	2	408.23	816.46	
11	031003009002	补偿器	方形补偿器制作，*DN*80	个	2	305.26	700.52	
12	031003009003	补偿器	方形补偿器制作，*DN*70	个	4	201.56	806.24	
13	031003009004	补偿器	方形补偿器制作，*DN*50	个	4	180.26	721.04	
			分部小计				178764.46	
			本页小计				52699.36	23500.00
			合　计				178764.46	69500.00

注：为计取规费等的使用，可在表中增设其中："定额人工费"。

表-08 分部分项工程和单价措施项目清单与计价表（三）

工程名称：某住宅楼采暖及给水排水安装工程　　标段：　　第3页 共4页

序号	项目编码	项目名称	项目特征描述	计量单位	工程量	金额（元）		
						综合单价	合价	其中 暂估价
			Ⅰ．采暖工程					
14	031003001001	螺纹阀门	1. 阀门安装，J1lT-16-15 2. 螺纹连接	个	84	24.26	2037.84	
15	031003001002	螺纹阀门	1. 阀门安装，J1lT-16-20 2. 螺纹连接	个	76	26.25	1995.00	
16	031003001003	螺纹阀门	1. 阀门安装，J1lT-16-25 2. 螺纹连接	个	52	745.24	38752.48	
17	031003003001	焊接法兰阀门	1. 阀门安装，J1lT-16-100 2. 手工电弧焊	个	6	788.28	4729.68	
18	031005001001	铸铁散热器	1. 铸铁暖气片安装，柱型813 2. 手工除锈，刷一次防锈漆、两次银粉漆	片	5385	25.56	137640.60	
19	031003005001	塑料阀门	塑料阀门安装，*DN*20	个	5	89.26	446.30	
20	031003001001	管道支架	1. 管道支架制作安装 2. 手工除锈，刷一次防锈漆、两次调和漆	kg	1200.00	18.56	22272.00	
21	031009001001	采暖工程系统调试	—	系统	1	9854.88	9854.88	
			分部小计				396570.24	
			Ⅱ．给水排水工程					
22	031001001001	镀锌钢管	1. 室内给水镀锌钢管，*DN*80 2. 螺纹连接	m	4.30	56.23	241.79	100.00
23	031001001002	镀锌钢管	1. 室内给水镀锌钢管，*DN*70 2. 螺纹连接	m	20.90	50.45	1054.41	400.00
24	031001006001	塑料管	1. 室内排水塑料管，*DN*100 2. 零件粘接	m	45.70	69.25	3164.73	
			分部小计				4460.93	
			本页小计				401031.17	500.00
			合　计				579795.63	70000.00

注：为计取规费等的使用，可在表中增设其中："定额人工费"。

表-08 分部分项工程和单价措施项目清单与计价表（四）

工程名称：某住宅楼采暖及给水排水安装工程　　标段：　　第4页 共4页

序号	项目编码	项目名称	项目特征描述	计量单位	工程量	金额（元）		
						综合单价	合价	其中 暂估价
		Ⅱ. 给水排水工程						
25	031001006002	塑料管	1. 室内排水塑料管，*DN*75 2. 零件粘接	m	0.50	50.48	25.24	
26	031001007001	塑料复合管	1. 室内排水复合管，*DN*40 2. 螺纹连接	m	23.60	52.48	1238.53	
27	031001007002	塑料复合管	1. 室内排水复合管，*DN*20 2. 螺纹连接	m	14.60	24.56	358.58	
28	031001007003	塑料复合管	1. 室内排水复合管，*DN*15 2. 螺纹连接	m	4.60	22.24	102.30	
29	031003001002	管道支架	管道支架制作安装	kg	4.94	15.88	78.45	
30	031003013001	水表	水表，*DN*20	组	1	67.14	67.14	
31	031004003001	洗脸盆	陶瓷	组	3	258.46	775.38	
32	031004010001	淋浴器	1. 钛合金材质淋浴器 2. 明装挂墙式安装	组	1	48.49	48.49	
33	031004006001	大便器	规格：490mm×510mm×150mm，带水箱	套	5	168.26	841.30	
34	031004014001	给水附配件	排水栓安装 *DN*50	组	1	28.46	28.46	
35	031004014002	给水附配件	水龙头，铜 *DN*15	个	4	14.26	57.04	
36	031004014003	排水附配件	地漏，铸铁 *DN*10	个	3	50.15	150.45	
			分部小计				8232.29	
			本页小计				3771.36	
			合　计				583566.99	70000.00

注：为计取规费等的使用，可在表中增设其中："定额人工费"。

6. 综合单价分析表

【填制说明】 编制招标控制价，综合单价分析表应填写使用的省级或行业建设主管部门发布的计价定额名称。

综合单价分析表一般随投标文件一同提交，作为已标价工程量清单的组成部分，以便中标后，作为合同文件的附属文件。一般而言，该分析表所载明的价格数据对投标人是有约束力的，但是投标人能否以此作为投标报价中的错报和漏报等的依据而寻求招标人的补偿是实践中值得注意的问题。

表-09 综合单价分析表

工程名称：某住宅楼采暖及给水排水安装工程　　标段：　　第1页 共1页

项目编码	031003003001	项目名称		焊接法兰阀门		计量单位		个	工程量		6
清单综合单价组成明细											
定额编号	定额项目名称	定额单位	数量	单价（元）				合价（元）			
				人工费	材料费	机械费	管理费和利润	人工费	材料费	机械费	管理费和利润
CH8261	阀门安装	个	1	30	690.13	21.88	43.95	30.59	690.13	21.88	43.95
—	高层建筑增加费	元	—	0.65	—	—	—	0.65	—	—	—
—	主体结构配合费	元	—	1.08	—	—	—	1.08	—	—	—
人工单价		小计						32.32	690.13	21.88	43.95
50元/工日		未计价材料费									
清单项目综合单价								788.28			
材料费明细	主要材料名称、规格、型号			单位		数量		单价（元）	合价（元）	暂估单价（元）	暂估合价（元）
	××牌阀门 J11T-16-100			个		1		685.25	685.25		
	垫圈			个		8.00		0.02	0.16		
	电焊条			kg		0.90		4.90	4.41		
	乙炔气			m^3		0.002		15.00	0.30		
	氧气			m^3		0.003		3	0.009		
	其他材料费							—	2.241	—	
	材料费小计							—	690.13	—	

注：1. 如不使用省级或行业建设主管部门发布的计价依据，可不填定额编号、名称等。

2. 招标文件提供了暂估单价的材料，按暂估的单价填入表内“暂估单价”栏及“暂估合价”栏。

（其他项目综合单价分析表略）

7. 总价措施项目清单与计价表

【填制说明】 编制招标控制价时，总价措施项目清单与计价表的计费基础、费率应按省级或行业建设主管部门的规定记取。

表-11 总价措施项目清单与计价表

工程名称：某住宅楼采暖及给水排水安装工程　　标段　　第1页　共1页

序号	项目编码	项目名称	计算基础	费率（%）	金额（元）	调整费率（%）	调整后金额（元）	备注
1	031302001001	安全文明施工费	人工费	11	17990.75			
2	031302002001	夜间施工增加费	人工费	1.5	2453.28			
3	031302004001	二次搬运费	人工费	5	8177.60			
4	031302005001	冬雨季施工增加费	人工费	0.6	981.31			
5	031302006001	已完工程及设备保护费			5000			
	合　计				34602.94			

编制人（造价人员）：　　　　复核人（造价工程师）：

注：1. “计算基础”中安全文明施工费可为“定额基价”、“定额人工费”或“定额人工费+定额机械费”，其他项目可为“定额人工费”或“定额人工费+定额机械费”。

2. 按施工方案计算的措施费，若无“计算基础”和“费率”的数值，也可只填“金额”数值，但应在备注栏说明施工方案出处或计算方法。

8. 其他项目清单与计价汇总表

【填制说明】 编制招标控制价时，其他项目清单与计价汇总表应按有关计价规定估算“计日工”和“总承包服务费”。招标工程量清单中未列“暂列金额”，应按有关规定编列。

表-12 其他项目清单与计价汇总表

工程名称：某住宅楼采暖及给水排水安装工程　　标段　　第1页　共1页

序号	项目名称	金额（元）	结算金额（元）	备注
1	暂列金额	10000.00		明细详见表-12-1
2	暂估价	10000.00		
2.1	材料（工程设备）暂估价	—		明细详见表-12-2
2.2	专业工程暂估价	10000.00		明细详见表-12-3
3	计日工	19776.64		明细详见表-12-4
4	总承包服务费	2250		明细详见表-12-5
合计		42026.64		—

注：材料（工程设备）暂估单价进入清单项目综合单价，此处不汇总。

（1）暂列金额明细表

表-12-1 暂列金额明细表

工程名称：某住宅楼采暖及给水排水安装工程　　标段　　第1页　共1页

序号	项目名称	计量单位	暂列金额（元）	备注
1	政策性调整和材料价格风险	项	7500.00	
2	其他	项	2500.00	
合计			10000.00	—

注：此表由招标人填写，如不能详列，也可只列暂定金额总额，投标人应将上述暂列金额计入投标总价中。

（2）材料 （工程设备） 暂估单价及调整表

表-12-2 材料（工程设备）暂估单价及调整表

工程名称：某住宅楼采暖及给水排水安装工程　　标段　　第1页　共1页

序号	材料（工程设备）名称、规格、型号	计量单位	数量		暂估（元）		确认（元）		差额±（元）		备注
			暂估	确认	单价	合价	单价	合价	单价	合价	
1	焊接钢管	t	30		3670	110100					
2	散热器813	片	1000		9.62	9620					
	（其他略）										
合计						119720					

注：此表由招标人填写"暂估单价"，并在备注栏说明暂估价的材料、工程设备拟用在哪些清单项目上，投标人应将上述材料，工程设备暂估单价计入工程量清单综合单价报价中。

（3）专业工程暂估价表

表-12-3 专业工程暂估价表

工程名称：某住宅楼采暖及给水排水安装工程　　标段　　第1页　共1页

序号	工程名称	工程内容	暂估金额（元）	结算金额（元）	差额±（元）	备注
1	消防工程	合同图纸中标明的以及消防工程规范和技术说明中规定的各系统中的设备、管道、阀门、线缆等的供应、安装和调试工作	10000.00			
合计			10000.00			

注：此表"暂估金额"由招标人填写，投标人应将"暂估金额"计入投标总价中。

(4) 计日工表

表-12-4 计日工表

工程名称：某住宅楼采暖及给水排水安装工程　　标段　　第1页　共1页

编号	项目名称	单位	暂定数量	实际数量	综合单价（元）	合价（元）	
						暂定	实际
一	人工						
1	管道工	工日	70		90.00	6300.00	
2	电焊工	工日	35		90.00	3150.00	
3	其他工种	工日	35		70.00	2450.00	
人工小计						11900.00	
二	材料						
1	电焊条	kg	12		6.05	72.60	
2	氧气	m^3	18		2.50	45.00	
3	乙炔条	kg	88		16.58	1459.04	
材料小计						1576.64	
三	施工机械						
1	直流电焊机20kW	台班	25		20.00	500.00	
2	汽车起重机，8t	台班	30		120.00	3600.00	
3	载重汽车，8t	台班	25		88.00	2200.00	
施工机械小计						6300.00	
四、企业管理费和利润							
合　计						19776.64	

注：此表项目名称、暂定数量由招标人填写，编制招标控制价时，单价由招标人按有关计价规定确定；投标时，单价由投标人自主报价，按暂定数量计算合价计入投标总价中。结算时，按招承包双方确认的实际数量计算。

(5) 总承包服务费计价表

【填制说明】 编制招标控制价的“总承包服务费计价表”时，招标人应按有关计价规定计价。

表-12-5　总承包服务费计价表

工程名称：某住宅楼采暖及给水排水安装工程　　标段　　第1页　共1页

序号	项目名称	项目价值（元）	服务内容	计算基础	费率（%）	金额（元）
1	发包人发包专业工程	45000	1. 按专业工程承包人的要求提供施工工作面并对施工现场进行统一整理汇总 2. 为专业工程承包人提供垂直运输机械和焊接电源接入点，并承担垂直运输费和电费	项目价值	5	2250
	合　计	—	—		—	2250

注：此表项目名称、服务内容有招标人填写，编制招标控制价时，费率及金额由招标人按有关计价规定确定；投标时，费率及金额由投标人自主报价，计入投标总价中。

9. 规费、税金项目计价表

表-13 规费、税金项目计价表

工程名称：某住宅楼采暖及给水排水安装工程　　标段　　第1页　共1页

序号	项目名称	计算基础	计算基数	计算费率（%）	金额（元）
1	规费	定额人工费			30829.58
1.1	社会保险费	定额人工费	(1)＋…＋(5)		20444.02
(1)	养老保险费	定额人工费		3.5	5724.33
(2)	失业保险费	定额人工费		2	3271.04
(3)	医疗保险费	定额人工费		6	9813.13
(4)	工伤保险费	定额人工费		0.5	817.76
(5)	生育保险费	定额人工费		0.5	817.76
1.2	住房公积金	定额人工费		6	9813.13
1.3	工程排污费	按工程所在地环境保护部门收取标准，按实计入			572.43
2	税金	分部分项工程费＋措施项目费＋其他项目费＋规费－按规定不计税的工程设备金额		3.413	17483.49
合计					48313.07

编制人（造价人员）：　　复核人（造价工程师）：

10. 主要材料、工程设备一览表

（1）发包人在招标文件中提供的承包人提供主要材料和工程设备一览表（适用于造价信息差额调整法）

表-21　承包人提供主要材料和工程设备一览表

（适用于造价信息差额调整法）

工程名称：某住宅楼采暖及给水排水安装工程　　标段　　第1页　共1页

序号	名称、规格、型号	单位	数量	风险系数（%）	基准单价（元）	投标单价（元）	发承包人确认单价（元）	备注
1	预拌混凝土C20	m^3	20	≤5	313			
2	预拌混凝土C25	m^3	320	≤5	322			
3	预拌混凝土C30	m^3	1600	≤5	345			

注：1. 此表由招标人填写除"投标单价"栏的内容，投标人在投标时自主确定投标单价。

2. 投标人应优先采用工程造价管理机构发布的单价作为基准单价，未发布的，通过市场调查确定其基准单价。

（2）发包人在招标文件中提供的承包人提供主要材料和工程设备一览表（适用于价格指数差额调整法）

表-22　承包人提供主要材料和工程设备一览表

（适用于价格指数差额调整法）

工程名称：某住宅楼采暖及给水排水安装工程　　标段：　　第1页　共1页

序号	名称、规格、型号	变值权重 B	基本价格指数 F_0	现行价格指数 F_t	备注
1	人工		110%		
2	钢材		3500元/t		
3	预拌混凝土C30		345元/m^3		
4	机械费		100%		
	定值权重 A		—	—	
合　计		1	—	—	

注：1. "名称、规格、型号"、"基本价格指数"栏由招标人填写，基本价格指数应首先采用工程造价管理机构发布的价格指数，没有时，可采用发布的价格代替。如人工、机械费也采用本法调整由招标人在"名称"栏填写。

2. "变值权重"栏由投标人根据该项人工、机械费和材料、工程设备值在投标总报价中所占的比例填写，1减去其比例为定值权重。

3. "现行价格指数"按约定的付款证书相关周期最后一天的前42天的各项价格指数填写，该指数应首先采用工程造价管理机构发布的价格指数，没有时，可采用发布的价格代替。

5.3 水暖工程投标报价编制实例

现以某住宅楼采暖及给水排水安装工程为例介绍投标报价编制（由委托工程造价咨询人编制）。

1. 封面

【填制说明】 投标总价封面的应填写投标工程的具体名称，投标人应盖单位公章。

封-3 投标总价封面

某住宅楼采暖及给水排水安装 工程

投 标 总 价

投 标 人：×××建筑安装公司

（单位盖章）

××年×月×日

2. 扉页

【填制说明】 投标人编制投标报价时，投标总价扉页由投标人单位注册的造价人员编制，投标人盖单位公章，法定代表人或其授权人签字或盖章，编制的造价人员（造价工程师或造价员）签字盖执业专用章。

扉-3 投标总价扉页

投 标 总 价

招 标 人：××公司

工 程 名 称：某住宅楼采暖及给水排水安装工程

投标总价（小写）：478787.48 元

（大写）：肆拾柒万捌仟柒佰捌拾柒元肆角捌分

投 标 人：×××建筑安装公司

（单位盖章）

法定代表人

或其授权人：×××

（签字或盖章）

编 制 人：×××

（造价人员签字盖专用章）

编制时间：××年×月×日

3. 总说明

【填制说明】 编制投标报价的总说明内容应包括：

1）采用的计价依据。

2）采用的施工组织设计。

3）综合单价中风险因素、风险范围（幅度）。

4）措施项目的依据。

5）其他有关内容的说明等。

表-01 总 说 明

工程名称：某住宅楼采暖及给水排水安装工程　　标段　　第1页 共1页

1. 编制依据：

(1) 建设方提供的工程施工图、《某住宅楼采暖及给水排水安装工程投标邀请书》、《投标须知》、《某住宅楼采暖及给水排水安装工程招标答疑》等一系列招标文件。

(2) ××市建设工程造价管理站××××年第×期发布的材料合格，并参照市场价格。

2. 报价需要说明的问题：

(1) 该工程因无特殊要求，故采用一般施工方法。

(2) 因考虑到市场材料价格近期波动不大，故主要材料价格在××市建设工程造价管理站××××年第×期发布的材料价格基础上下浮3%。

3. 综合公司经济现状及竞争力，公司所报费率如下：（略）

4. 税金按3.413%计取。

4. 投标控制价汇总表

【填制说明】 与招标控制价的表样一致，此处需要说明的是，投标报价汇总表与投标函中投标报价金额应当一致。就投标文件的各个组成部分而言，投标函是最重要的文件，其他组成部分都是投标函的支持性文件，投标函是必须经过投标人签字盖章，并且在开标会上必须当众宣读的文件。如果投标报价汇总表的投标总价与投标函填报的投标总价不一致，应当以投标函中填写的大写金额为准。实践中，对该原则一直缺少一个明确的依据，为了避免出现争议，可以在“投标人须知”中给予明确，用在招标文件中预先给予明示约定的方式来弥补法律法规依据的不足。

表-02 建设项目投标控制价汇总表

工程名称：某住宅楼采暖及给水排水安装工程　　标段　　第1页 共1页

序号	单项工程名称	金额（元）	其中：（元）		
			暂估价	安全文明施工费	规费
1	某住宅楼采暖及给水排水安装工程	478787.48	70000.00	15992.67	27469.21
合计		478787.48	70000.00	15992.67	27469.21

注：本表适用于建设项目招标控制价或投标报价的汇总。

表-03　单项工程投标控制价汇总表

工程名称：某住宅楼采暖及给水排水安装工程　　　标段　　　第1页　共1页

序号	单位工程名称	金额（元）	其中：（元）		
			暂估价	安全文明施工费	规费
1	某住宅楼采暖及给水排水安装工程	478787.48	70000.00	15992.67	27469.21
	合　计	478787.48	70000.00	15992.67	27469.21

注：本表适用于单项工程招标控制价或投标报价的汇总。暂估价包括分部分项工程中的暂估价和专业工程暂估价。

表-04　单位工程投标控制价汇总表

工程名称：某住宅楼采暖及给水排水安装工程　　　标段　　　第1页　共1页

序号	汇总内容	金额（元）	其中：暂估价（元）
1	分部分项工程	359921.95	7000.00
1.1	Ⅰ．采暖工程	352969.69	69500.00
1.2	Ⅱ．给水排水工程	6952.26	500.00
2	措施项目	31315.22	—
2.1	其中：安全文明施工费	15992.67	—
3	其他项目	44279.40	—
3.1	其中：暂列金额	10000.00	—
3.2	其中：专业工程暂估价	10000.00	—
3.3	其中：计日工	22029.40	—
3.4	其中：总承包服务费	2250.00	—
4	规费	27469.21	—
5	税金	15801.70	—
	投标报价合计＝1＋2＋3＋4＋5	478787.48	70000.00

注：本表适用于单位工程招标控制价或投标报价的汇总，单项工程也使用本表汇总。

5. 分部分项工程和单价措施项目清单与计价表

【填制说明】 编制投标报价时，招标人对分部分项工程和单价措施项目清单与计价表中的"项目编码"、"项目名称"、"项目特征"、"计量单位"、"工程量"均不应作改动。"综合单价"、"合价"自主决定填写，对其中的"暂估价"栏，投标人应将招标文件中提供了暂估材料单价的暂估价进入综合单价，并应计算出暂估单价的材料在"综合单价"及其"合价"中的具体数额，因此，为更详细反应暂估价情况，也可在表中增设一栏"综合单价"其中的"暂估价"。

表-08 分部分项工程和单价措施项目清单与计价表（一）

工程名称：某住宅楼采暖及给水排水安装工程 标段： 第1页 共4页

序号	项目编码	项目名称	项目特征描述	计量单位	工程量	金额（元）		
						综合单价	合价	其中：暂估价
			Ⅰ. 采暖工程					
1	031001002001	钢管	1. 室内焊接钢管安装，DN15 2. 螺纹连接 3. 手工除锈，刷一次防锈漆、两次银粉漆 4. 镀锌铁皮套管	m	1325.00	19.35	25638.75	10000.00
2	031001002002	钢管	1. 室内焊接钢管安装，DN20 2. 螺纹连接 3. 手工除锈，刷一次防锈漆、两次银粉漆 4. 镀锌铁皮套管	m	1855.00	21.69	40234.95	20000.00
3	031001002003	钢管	1. 室内焊接钢管安装，DN25 2. 螺纹连接 3. 手工除锈，刷一次防锈漆、两次银粉漆 4. 镀锌铁皮套管	m	1030.00	27.70	28531.00	11000.00
4	031001002004	钢管	1. 室内焊接钢管安装，DN32 2. 螺纹连接 3. 手工除锈，刷一次防锈漆、两次银粉漆 4. 镀锌铁皮套管	m	95.00	31.72	3013.40	2000.00
5	031001002005	钢管	1. 室内焊接钢管安装，DN40 2. 手工电弧焊 3. 手工除锈，刷两次防锈漆 4. 玻璃布保护层，刷两次调和漆 5. 钢套管	m	120.00	60.79	7294.80	3000.00
			分部小计				104712.90	
			本页小计				104712.90	46000.00
			合 计				104712.90	46000.00

注：为计取规费等的使用，可在表中增设其中："定额人工费"。

表-08　分部分项工程和单价措施项目清单与计价表（二）

工程名称：某住宅楼采暖及给水排水安装工程　　标段：　　第2页　共4页

序号	项目编码	项目名称	项目特征描述	计量单位	工程量	金额（元）		
						综合单价	合价	其中
								暂估价
			Ⅰ．采暖工程					
6	031001002006	钢管	1. 室内焊接钢管安装，*DN*50 2. 手工电弧焊 3. 手工除锈，刷两次防锈漆 4. 玻璃布保护层，刷两次调和漆 5. 钢套管	m	230.00	66.34	15258.20	7000.00
7	031001002007	钢管	1. 室内焊接钢管安装，*DN*70 2. 手工电弧焊 3. 手工除锈，刷两次防锈漆 4. 玻璃布保护层，刷两次调和漆 5. 钢套管	m	180.00	82.41	14833.80	7000.00
8	031001002008	钢管	1. 室内焊接钢管安装，*DN*80 2. 手工电弧焊 3. 手工除锈，刷两次防锈漆 4. 玻璃布保护层，刷两次调和漆 5. 钢套管	m	95.00	96.27	9145.65	5000.00
9	031001002009	钢管	1. 室内焊接钢管安装，*DN*100 2. 手工电弧焊 3. 手工除锈，刷两次防锈漆 4. 玻璃布保护层，刷两次调和漆 5. 钢套管	m	70.00	118.13	8269.10	4500.00
10	031003009001	补偿器	方形补偿器制作，*DN*100	个	2	362.92	725.84	
11	031003009002	补偿器	方形补偿器制作，*DN*80	个	2	264.50	529.00	
12	031003009003	补偿器	方形补偿器制作，*DN*70	个	4	172.29	689.16	
13	031003009004	补偿器	方形补偿器制作，*DN*50	个	4	101.17	404.68	
			分部小计				154568.33	
本页小计							49855.43	23500.00
合　计							154568.33	69500.00

注：为计取规费等的使用，可在表中增设其中："定额人工费"。

表-08 分部分项工程和单价措施项目清单与计价表（三）

工程名称：某住宅楼采暖及给水排水安装工程　　标段：　　第3页　共4页

序号	项目编码	项目名称	项目特征描述	计量单位	工程量	金额（元）		
						综合单价	合价	其中 暂估价
			Ⅰ. 采暖工程					
14	031003001001	螺纹阀门	1. 阀门安装，J1IT-16-15 2. 螺纹连接	个	84	20.28	1703.52	
15	031003001002	螺纹阀门	1. 阀门安装，J1IT-16-20 2. 螺纹连接	个	76	22.94	1743.44	
16	031003001003	螺纹阀门	1. 阀门安装，J1lT-16-25 2. 螺纹连接	个	52	720.06	37443.12	
17	031003003001	焊接法兰阀门	1. 阀门安装，J1lT-16-100 2. 焊接连接	个	6	720.06	4320.36	
18	031005001001	铸铁散热器	1. 铸铁暖气片安装，柱型813 2. 手工除锈，刷一次防锈漆、两次银粉漆	片	5385	23.39	125955.15	
19	031003005001	塑料阀门	塑料阀门安装，*DN*20	个	5	70.76	353.80	
20	031003001001	管道支架	1. 管道支架制作安装 2. 手工除锈，刷一次防锈漆、两次调和漆	kg	1200.00	15.12	18144.00	
21	031009001001	采暖工程系统调试	—	系统	1	8737.97	8737.97	
			分部小计				352969.69	
			Ⅱ. 给水排水工程					
22	031001001001	镀锌钢管	1. 室内给水镀锌钢管，*DN*80 2. 螺纹连接	m	4.30	53.07	228.20	100.00
23	031001001002	镀锌钢管	1. 室内给水镀锌钢管，*DN*70 2. 螺纹连接	m	20.90	47.05	983.35	400.00
24	031001006001	塑料管	1. 室内排水塑料管，*DN*100 2. 零件粘接	m	45.70	57.22	2614.95	
			分部小计				3826.50	
			本页小计				202227.86	500.00
			合　计				356796.19	70000.00

注：为计取规费等的使用，可在表中增设其中："定额人工费"。

表-08 分部分项工程和单价措施项目清单与计价表（四）

工程名称：某住宅楼采暖及给水排水安装工程　　标段：　　第4页 共4页

序号	项目编码	项目名称	项目特征描述	计量单位	工程量	金额（元）		
						综合单价	合价	其中
								暂估价
			Ⅱ. 给水排水工程					
25	031001006002	塑料管	1. 室内排水塑料管，*DN*75 2. 零件粘接	m	0.50	45.78	22.89	
26	031001007001	塑料复合管	1. 室内排水复合管，*DN*40 2. 螺纹连接	m	23.60	46.60	1099.76	
27	031001007002	塑料复合管	1. 室内排水复合管，*DN*20 2. 螺纹连接	m	14.60	18.71	273.17	
28	031001007003	塑料复合管	1. 室内排水复合管，*DN*15 2. 螺纹连接	m	4.60	18.72	86.11	
29	031003001002	管道支架	管道支架制作安装	kg	4.94	12.53	61.90	
30	031003013001	水表	水表，*DN*20	组	1	57.22	57.22	
31	031004003001	洗脸盆	陶瓷	组	3	230.58	691.74	
32	031004010001	淋浴器	1. 钛合金材质淋浴器 2. 明装挂墙式安装	组	1	37.48	37.48	
33	031004006001	大便器	规格：490mm×510mm×150mm，带水箱	套	5	119.90	599.50	
34	031004014001	给水附配件	排水栓安装 *DN*50	组	1	20.28	20.28	
35	031004014002	给水附配件	水龙头，铜 *DN*15	个	4	8.70	34.80	
36	031004014003	排水附配件	地漏，铸铁 *DN*10	个	3	46.97	140.91	
			分部小计				6952.26	
			本页小计				3125.76	
			合　计				359921.95	70000.00

注：为计取规费等的使用，可在表中增设其中："定额人工费"。

6. 综合单价分析表

【填制说明】 编制投标报价时，综合单价分析表应填写使用的企业定额名称，也可填写使用的省级或行业建设主管部门发布的计价定额，如不使用则不填写。

表-09 综合单价分析表

工程名称：某住宅楼采暖及给水排水安装工程　　标段：　　第1页 共2页

<table>
<tr><td>项目编码</td><td colspan="2">030803003001</td><td colspan="2">项目名称</td><td colspan="3">焊接法兰阀门</td><td>计量单位</td><td>个</td><td>工程量</td><td>6</td></tr>
<tr><td colspan="12">清单综合单价组成明细</td></tr>
<tr><td rowspan="2">定额编号</td><td rowspan="2">定额项目名称</td><td rowspan="2">定额单位</td><td rowspan="2">数量</td><td colspan="4">单价</td><td colspan="4">合价</td></tr>
<tr><td>人工费</td><td>材料费</td><td>机械费</td><td>管理费和利润</td><td>人工费</td><td>材料费</td><td>机械费</td><td>管理费和利润</td></tr>
<tr><td>8—261</td><td>阀门安装 DN100</td><td>个</td><td>1</td><td>21.59</td><td>154.79</td><td>12.88</td><td>38.74</td><td>21.59</td><td>154.79</td><td>12.88</td><td>38.74</td></tr>
<tr><td>—</td><td>阀门 J11T-16-100</td><td>个</td><td>1</td><td>—</td><td>490.33</td><td>—</td><td>—</td><td>—</td><td>490.33</td><td>—</td><td>—</td></tr>
<tr><td>—</td><td>高层建筑增加费</td><td>元</td><td>—</td><td>0.65</td><td>—</td><td>—</td><td>—</td><td>0.65</td><td>—</td><td>—</td><td>—</td></tr>
<tr><td>—</td><td>主体结构配合费</td><td>元</td><td>—</td><td>1.08</td><td>—</td><td>—</td><td>—</td><td>1.08</td><td>—</td><td>—</td><td>—</td></tr>
<tr><td></td><td></td><td></td><td></td><td></td><td></td><td></td><td></td><td></td><td></td><td></td><td></td></tr>
<tr><td colspan="2">人工单价</td><td colspan="6">小计</td><td>23.32</td><td>645.12</td><td>12.88</td><td>38.74</td></tr>
<tr><td colspan="2">50元/工日</td><td colspan="6">未计价材料费</td><td colspan="4"></td></tr>
<tr><td colspan="8">清单项目综合单价</td><td colspan="4">720.06</td></tr>
<tr><td rowspan="13">材料费明细</td><td colspan="3">主要材料名称、规格、型号</td><td>单位</td><td colspan="2">数量</td><td>单价（元）</td><td>合价（元）</td><td colspan="2">暂估单价（元）</td><td>暂估合价（元）</td></tr>
<tr><td colspan="3">××牌阀门 J11T-16-100</td><td>个</td><td colspan="2">1</td><td>490.33</td><td>490.33</td><td colspan="2"></td><td></td></tr>
<tr><td colspan="3">石棉橡胶板 低压 δ0.8～6</td><td>kg</td><td colspan="2">0.350</td><td>6.24</td><td>2.18</td><td colspan="2"></td><td></td></tr>
<tr><td colspan="3">电焊条 结 422φ3.2</td><td>kg</td><td colspan="2">0.590</td><td>5.41</td><td>3.19</td><td colspan="2"></td><td></td></tr>
<tr><td colspan="3">氧气</td><td>m³</td><td colspan="2">0.024</td><td>13.33</td><td>0.32</td><td colspan="2"></td><td></td></tr>
<tr><td colspan="3">乙炔气</td><td>kg</td><td colspan="2">0.070</td><td>2.06</td><td>0.14</td><td colspan="2"></td><td></td></tr>
<tr><td colspan="3">铅油</td><td>kg</td><td colspan="2">0.150</td><td>8.77</td><td>1.32</td><td colspan="2"></td><td></td></tr>
<tr><td colspan="3">清油</td><td></td><td colspan="2">0.02</td><td>17.44</td><td>0.35</td><td colspan="2"></td><td></td></tr>
<tr><td colspan="3">棉丝</td><td></td><td colspan="2">0.06</td><td>29.13</td><td>1.75</td><td colspan="2"></td><td></td></tr>
<tr><td colspan="3">砂纸</td><td></td><td colspan="2">0.5</td><td>0.33</td><td>0.17</td><td colspan="2"></td><td></td></tr>
<tr><td colspan="6">其他材料费</td><td>—</td><td>499.75</td><td colspan="2">—</td><td></td></tr>
<tr><td colspan="6">材料费小计</td><td>—</td><td>645.12</td><td colspan="2">—</td><td></td></tr>
</table>

注：1. 如不使用省级或行业建设主管部门发布的计价依据，可不填定额编号、名称等。

2. 招标文件提供了暂估单价的材料，按暂估的单价填入表内“暂估单价”栏及“暂估合价”栏。

表-09 综合单价分析表

工程名称：某住宅楼采暖及给水排水安装工程 标段： 第2页 共2页

项目编码	031003009001	项目名称		补偿器			计量单位	个	工程量	2	
清单综合单价组成明细											
定额编号	定额项目名称	定额单位	数量	单价				合价			
				人工费	材料费	机械费	管理费和利润	人工费	材料费	机械费	管理费和利润
8-222	方形补偿器 DN100	个	1	95.67	53.47	34.48	171.65	95.67	53.47	34.48	171.65
—	高层建筑增加费	元	—	2.86	—	—	—	2.86	—	—	—
—	主体结构配合费	元	—	4.79	—	—	—	4.79	—	—	—
人工单价		小计						103.32	53.47	34.48	171.65
50元/工日		未计价材料费									
清单项目综合单价								362.92			

材料费明细	主要材料名称、规格、型号	单位	数量	单价（元）	合价（元）	暂估单价（元）	暂估合价（元）
	电焊条结 422ϕ3.2	kg	0.570	5.41	3.08		
	氧气	m^3	0.510	2.06	1.50		
	乙炔气	kg	0.160	13.33	2.31		
	焦炭	kg	80.000	0.48	38.40		
	砂子	m^3	0.026	44.23	1.15		
	木材（一级红松）	m^3	31.2	0.20	6.24		
	铅油	kg	0.080	8.77	0.70		
	机油	kg	0.200	3.55	0.71		
	其他材料费			—		—	
	材料费小计			—	53.47	—	

注：1. 如不使用省级或行业建设主管部门发布的计价依据，可不填定额编号、名称等。

2. 招标文件提供了暂估单价的材料，按暂估的单价填入表内“暂估单价”栏及“暂估合价”栏。

（其他工程项目综合单价分析表略）

7. 总价措施项目清单与计价表

【填制说明】 编制投标报价时，总价措施项目清单与计价表中除“安全文明施工费”必须按《建设工程工程量清单计价规范》GB 50500—2013的强制性规定，按省级或行业建设主管部门的规定记取外，其他措施项目均可根据投标施工组织设计自主报价。

表-11 总价措施项目清单与计价表

工程名称：某住宅楼采暖及给水排水安装工程 标段： 第1页 共1页

序号	项目编码	项目名称	计算基础	费率（%）	金额（元）	调整费率（%）	调整后金额（元）	备注
1	031302001001	安全文明施工费	人工费	11	15992.67			
2	031302002001	夜间施工增加费	人工费	1.5	2180.82			
3	031302004001	二次搬运费	人工费	5	7269.40			
4	031302005001	冬雨季施工增加费	人工费	0.6	872.33			
5	031302006001	已完工程及设备保护费			5000			
合计					31315.22			

编制人（造价人员）： 复核人（造价工程师）：

注：1. “计算基础”中安全文明施工费可为“定额基价”、“定额人工费”或“定额人工费＋定额机械费”，其他项目可为“定额人工费”或“定额人工费＋定额机械费”。

2. 按施工方案计算的措施费，若无“计算基础”和“费率”的数值，也可只填“金额”数值，但应在备注栏说明施工方案出处或计算方法。

8. 其他项目清单与计价汇总表

【填制说明】 编制投标报价时，其他项目清单与计价汇总表应按招标工程量清单提供的“暂估金额”和“专业工程暂估价”填写金额，不得变动。“计日工”、“总承包服务费”自主确定报价。

表-12 其他项目清单与计价汇总表

工程名称：某住宅楼采暖及给水排水安装工程　　标段：　　第1页 共1页

序号	项目名称	金额（元）	结算金额（元）	备注
1	暂列金额	10000.00		明细详见表-12-1
2	暂估价	10000.00		
2.1	材料暂估价	—		明细详见表-12-2
2.2	专业工程暂估价	10000.00		明细详见表-12-3
3	计日工	22029.40		明细详见表-12-4
4	总承包服务费	2250.00		明细详见表-12-5
合计		44279.40		—

注：材料（工程设备）暂估单价进入清单项目综合单价，此处不汇总。

（1）暂列金额及拟用项目

表-12-1 暂列金额明细表

工程名称：某住宅楼采暖及给水排水安装工程　　　标段：　　　　第1页　共1页

序号	项目名称	计量单位	暂列金额（元）	备注
1	政策性调整和材料价格风险	项	7500.00	
2	其　他	项	2500.00	
合　计			10000.00	—

注：此表由招标人填写，如不能详列，也可只列暂定金额总额，投标人应将上述暂列金额计入投标总价中。

（2）材料（工程设备）暂估单价及调整表

表-12-2 材料（工程设备）暂估单价及调整表

工程名称：某住宅楼采暖及给水排水安装工程　　　标段　　　　第1页　共1页

序号	材料（工程设备）名称、规格、型号	计量单位	数量		暂估（元）		确认（元）		差额±（元）		备注
			暂估	确认	单价	合价	单价	合价	单价	合价	
1	焊接钢管	t	30		3670	110100					
2	散热器813	片	1000		9.62	9620					
	（其他略）										
合　计						119720					

注：此表由招标人填写“暂估单价”，并在备注栏说明暂估价的材料、工程设备拟用在哪些清单项目上，投标人应将上述材料，工程设备暂估单价计入工程量清单综合单价报价中。

(3) 专业工程暂估价表

表-12-3 专业工程暂估价表

工程名称：某住宅楼采暖及给水排水安装工程　　标段：　　第1页 共1页

序号	工程名称	工 程 内 容	暂估金额（元）	结算金额（元）	差额 ±（元）	备注
1	消防工程	合同图纸中标明的以及消防工程规范和技术说明中规定的各系统中的设备、管道、阀门、线缆等的供应、安装和调试工作	10000.00			
合 计			10000.00			

注：此表“暂估金额”由招标人填写，投标人应将“暂估金额”计入投标总价中。

(4) 计日工表

【填制说明】 编制投标报价的“计日工表”时，人工、材料、机械台班单价由招标人自主确定，按已给暂估数量计算合价计入投标总价中。

表-12-4 计日工表

工程名称：某住宅楼采暖及给水排水安装工程　　标段：　　第1页 共1页

编号	项目名称	单位	暂定数量	实际数量	综合单价（元）	合价（元）	
						暂定	实际
一	人工						
1	管道工	工日	70		85.00	5950.00	
2	电焊工	工日	35		85.00	2975.00	
3	其他工种	工日	35		70.00	2450.00	
人工小计						11375.00	
二	材料						
1	电焊条	kg	12		5.50	66.00	
2	氧气	m^3	18		2.50	45.00	
3	乙炔条	kg	88		15.00	1320.00	
材料小计						1431.00	
三	施工机械						
1	直流电焊机 20kW	台班	25		20.00	500.00	
2	汽车起重机，8t	台班	30		125.00	3750.00	
3	载重汽车，8t	台班	25		84.00	2100.00	
施工机械小计						6350.00	
四	企业管理费和利润按直接费的15%计					2873.40	
合计						22029.40	

注：此表项目名称、暂定数量由招标人填写，编制招标控制价时，单价由招标人按有关计价规定确定；投标时，单价由投标人自主报价，按暂定数量计算合价计入投标总价中。结算时，按承包双方确认的实际数量计算。

（5）总承包服务费计价表

【填制说明】　编制招标控制价的“总承包服务费计价表”时，招标人应按有关计价规定计价。

表-12-5　总承包服务费计价表

工程名称：某住宅楼采暖及给水排水安装工程　　标段：　　第1页　共1页

序号	项目名称	项目价值（元）	服务内容	计算基础	费率（%）	金额（元）
1	发包人发包专业工程	45000	1. 按专业工程承包人的要求提供施工工作面并对施工现场进行统一整理汇总 2. 为专业工程承包人提供垂直运输机械和焊接电源接入点，并承担垂直运输费和电费	项目价值	5	2250
	合　计	—	—		—	2250

注：此表项目名称、服务内容有招标人填写，编制招标控制价时，费率及金额由招标人按有关计价规定确定；投标时，费率及金额由投标人自主报价，计入投标总价中。

9. 规费、税金项目计价表

表-13　规费、税金项目计价表

工程名称：某住宅楼采暖及给水排水安装工程　　标段：　　第1页　共1页

序号	项目名称	计算基础	计算基数	计算费率（%）	金额（元）
1	规费	定额人工费			27469.21
1.1	社会保险费	定额人工费	（1）＋…＋（5）		18173.50
（1）	养老保险费	定额人工费		3.5	5088.58
（2）	失业保险费	定额人工费		2	2907.76
（3）	医疗保险费	定额人工费		6	8723.28
（4）	工伤保险费	定额人工费		0.5	726.94
（5）	生育保险费	定额人工费		0.5	726.94
1.2	住房公积金	定额人工费		6	8723.28
1.3	工程排污费	按工程所在地环境保护部门收取标准，按实计入		0.14	572.43
2	税金	分部分项工程费＋措施项目费＋其他项目费＋规费－按规定不计税的工程设备金额		3.413	15801.70
合　计					43270.91

编制人（造价人员）：　　复核人（造价工程师）：

10. 总价项目进度款支付分解表

表-16　总价项目进度款支付分解表

工程名称：某住宅楼采暖及给水排水安装工程　　　　标段：　　　　第1页　共1页

序号	项目名称	总价金额	首次支付	二次支付	三次支付	四次支付	五次支付	
1	安全文明施工费	15992.67	4797.80	4797.80	3198.54	3198.53		
2	夜间施工增加费	2180.82	436.16	436.16	436.16	436.16	436.18	
3	二次搬运费	7269.40	1453.88	1453.88	1453.88	1453.88	1453.88	
	略							
	社会保险费	18173.50	3634.7	3634.7	3634.7	3634.7	3634.7	
	住房公积金	8723.28	1744.65	1744.65	1744.65	1744.65	1744.68	
合计								

编制人（造价人员）：　　　　　　　　　　复核人（造价工程师）：

注：1. 本表应由承包人在投标报价时根据发包人在招标文件明确的进度款支付周期与报价填写，签订合同时，发承包双方可就支付分解协商调整后作为合同附件。

2. 单价合同使用本表，“支付”栏时间应与单价项目进度款支付周期相同。

3. 总价合同使用本表，“支付”栏时间应与约定的工程计量周期相同。

11. 主要材料、工程设备一览表

（1）发包人在招标文件中提供的承包人提供主要材料和工程设备一览表（适用于造价信息差额调整法）

表-21 承包人提供主要材料和工程设备一览表

（适用于造价信息差额调整法）

工程名称：某住宅楼采暖及给水排水安装工程　　标段：　　第1页　共1页

序号	名称、规格、型号	单位	数量	风险系数（%）	基准单价（元）	投标单价（元）	发承包人确认单价（元）	备注
1	预拌混凝土 C20	m^3	20	≤5	313	305		
2	预拌混凝土 C25	m^3	320	≤5	322	320		
3	预拌混凝土 C30	m^3	1600	≤5	345	340		

注：1. 此表由招标人填写除“投标单价”栏的内容，投标人在投标时自主确定投标单价。

2. 投标人应优先采用工程造价管理机构发布的单价作为基准单价，未发布的，通过市场调查确定其基准单价。

（2）发包人在招标文件中提供的承包人提供主要材料和工程设备一览表（适用于价格指数差额调整法）

表-22 承包人提供主要材料和工程设备一览表

（适用于价格指数差额调整法）

工程名称：某住宅楼采暖及给水排水安装工程　　标段：　　第1页　共1页

序号	名称、规格、型号	变值权重 B	基本价格指数 F_0	现行价格指数 F_t	备注
1	人工	0.08	110%		
2	钢材	0.11	3500 元/t		
3	预拌混凝土 C30	0.16	345 元/m^3		
4	机械费	8	100%		
	定值权重 A		—	—	
合计		1	—	—	

注：1. “名称、规格、型号”、“基本价格指数”栏由招标人填写，基本价格指数应首先采用工程造价管理机构发布的价格指数，没有时，可采用发布的价格代替。如人工、机械费也采用本法调整由招标人在“名称”栏填写。

2. “变值权重”栏由投标人根据该项人工、机械费和材料、工程设备值在投标总报价中所占的比例填写，1减去其比例为定值权重。

3. “现行价格指数”按约定的付款证书相关周期最后一天的前42天的各项价格指数填写，该指数应首先采用工程造价管理机构发布的价格指数，没有时，可采用发布的价格代替。

5.4 水暖工程竣工结算编制实例

现以某住宅楼采暖及给水排水安装工程为例介绍工程竣工结算编制（发包人报送）。

1. 封面

【填制说明】 竣工结算书封面应填写竣工工程的具体名称，发承包双方应盖其单位公章，如委托工程造价咨询人办理的，还应加盖其单位公章。

封-4 竣工结算书封面

某住宅楼采暖及给水排水安装 **工程**

竣工结算书

发 包 人： ××公司
（单位盖章）

承 包 人： ××建筑安装公司
（单位盖章）

造价咨询人： ××工程造价咨询企业
（单位盖章）

××年×月×日

2. 扉页

【填制说明】

1）承包人自行编制竣工结算总价，竣工结算总价扉页由承包人单位注册的造价人员编制，承包人盖单位公章，法定代表人或其授权人签字或盖章，编制的造价人员（造价工程师或造价员）在编制人栏签字盖执业专用章。

发包人自行核对竣工结算时，由发包人单位注册的造价工程师核对，发包人盖单位公章，法定代表人或其授权人签字或盖章，造价工程师在核对人栏签字盖执业专用章。

2）发包人委托工程造价咨询人核对竣工结算时，竣工结算总价扉页由工程造价咨询人单位注册的造价工程师核对，发包人盖单位公章，法定代表人或其授权人签字或盖章；工程造价咨询人盖单位资质专用章，法定代表人或其授权人签字或盖章，造价工程师在核对人栏签字盖执业专用章。

除非出现发包人拒绝或不答复承包人竣工结算书的特殊情况，竣工结算办理完毕后，竣工结算总价封面发承包双方的签字、盖章应当齐全。

扉-4　竣工结算书扉页

某住宅楼采暖及给水排水安装工程　**工程**

竣工结算总价

签约合同价（小写）：478787.48元　**（大写）：**肆拾柒万捌仟柒佰捌拾柒元肆角捌分

竣工结算价（小写）：466354.80元　**（大写）：**肆拾陆万陆千叁佰伍拾肆元捌角

发包人：××××（单位盖章）　**承包人：**××××（单位盖章）　**造价咨询人：**××××（单位资质专用章）

法定代表人或其授权人：××××（签字或盖章）　**法定代表人或其授权人：**×××（签字或盖章）　**法定代表人或其授权人：**×××（签字或盖章）

编　制　人：×××（造价人员签字盖专用章）　**核　对　人：**×××（造价工程师签字盖专用章）

编制时间：××年×月×日　核对时间：××年×月×日

3. 总说明

【填制说明】 竣工结算的总说明内容应包括：

1）工程概况；
2）编制依据；
3）工程变更；
4）工程价款调整；
5）索赔；
6）其他等。

表-01 总 说 明

工程名称：某住宅楼采暖及给水排水安装工程　　标段　　第1页 共1页

1. 工程概况：（略）
2. 竣工结算依据：
（1）承包人报送的竣工结算。
（2）施工合同、投标文件、招标文件。
（3）竣工图、发包人确认的实际完成工程量和索赔及现场签证资料。
（4）省建设主管部门颁发的计价定额和计价管理办法及相关计价文件。
（5）省工程造价管理机构发布人工费调整文件。
3. 核对情况说明：（略）
4. 结算价分析说明：（略）

4. 竣工结算汇总表

表-05 建设项目竣工结算汇总表

工程名称：某住宅楼采暖及给水排水安装工程　　标段　　第1页 共1页

序号	单项工程名称	金额（元）	其中：（元）	
			安全文明施工费	规费
1	某住宅楼采暖及给水排水安装工程	466354.80	15903.51	26946.82
合　计		466354.80	15903.51	26946.82

表-06　单项工程竣工结算汇总表

工程名称：某住宅楼采暖及给水排水安装工程　　　　标段　　　　　第1页　共1页

序号	单位工程名称	金额（元）	其中：（元）	
			安全文明施工费	规费
1	某住宅楼采暖及给水排水安装工程	466354.80	15903.51	26946.82
合　计		466354.80	15903.51	26946.82

表-07　单位工程竣工结算汇总表

工程名称：某住宅楼采暖及给水排水安装工程　　　　标段：　　　　　第1页　共1页

序号	汇总内容	金额（元）
1	分部分项工程	357822.85
1.1	Ⅰ. 采暖工程	350791.65
1.2	Ⅱ. 给水排水工程	7031.20
2	措施项目	31168.50
2.1	其中：安全文明施工费	15903.51
3	其他项目	35025.25
3.1	其中：专业工程结算价	9860.00
3.2	其中：计日工	17821.50
3.3	其中：总承包服务费	2100.00
3.4	其中：索赔与现场签证	5243.75
4	规费	26946.82
5	税金	15391.38
竣工结算总价合计=1+2+3+4+5		466354.80

注：如无单位工程划分，单项工程也使用本表汇总。

5. 分部分项工程和单价措施项目清单与计价表

【填制说明】 编制竣工结算时，分部分项工程和单价措施项目清单与计价表中可取消“暂估价”。

表-08 分部分项工程和单价措施项目清单与计价表（一）

工程名称：某住宅楼采暖及给水排水安装工程　　标段：　　第1页　共4页

序号	项目编码	项目名称	项目特征描述	计量单位	工程量	金额（元）		
						综合单价	合价	其中
								暂估价
			Ⅰ. 采暖工程					
1	031001002001	钢管	1. 室内焊接钢管安装，*DN*15 2. 螺纹连接 3. 手工除锈，刷一次防锈漆、两次银粉漆 4. 镀锌铁皮套管	m	1325.00	19.05	25241.25	
2	031001002002	钢管	1. 室内焊接钢管安装，*DN*20 2. 螺纹连接 3. 手工除锈，刷一次防锈漆、两次银粉漆 4. 镀锌铁皮套管	m	1855.00	20.56	38138.80	
3	031001002003	钢管	1. 室内焊接钢管安装，*DN*25 2. 螺纹连接 3. 手工除锈，刷一次防锈漆、两次银粉漆 4. 镀锌铁皮套管	m	1030.00	27.70	28531.00	
4	031001002004	钢管	1. 室内焊接钢管安装，*DN*32 2. 螺纹连接 3. 手工除锈，刷一次防锈漆、两次银粉漆 4. 镀锌铁皮套管	m	95.00	33.22	3155.90	
5	031001002005	钢管	1. 室内焊接钢管安装，*DN*40 2. 手工电弧焊 3. 手工除锈，刷两次防锈漆 4. 玻璃布保护层，刷两次调和漆 5. 钢套管	m	120.00	61.28	7353.60	
			分部小计				102420.60	
本页小计							102420.60	
合　计							102420.60	

注：为计取规费等的使用，可在表中增设其中：“定额人工费”。

表-08　分部分项工程和单价措施项目清单与计价表（二）

工程名称：某住宅楼采暖及给水排水安装工程　　　　标段：　　　　　　第2页　共4页

序号	项目编码	项目名称	项目特征描述	计量单位	工程量	金额（元）		
						综合单价	合价	其中
								暂估价
			Ⅰ. 采暖工程					
6	031001002006	钢管	1. 室内焊接钢管安装，*DN*50 2. 手工电弧焊 3. 手工除锈，刷两次防锈漆 4. 玻璃布保护层，刷两次调和漆 5. 钢套管	m	230.00	66.02	15184.60	
7	031001002007	钢管	1. 室内焊接钢管安装，*DN*70 2. 手工电弧焊 3. 手工除锈，刷两次防锈漆 4. 玻璃布保护层，刷两次调和漆 5. 钢套管	m	180.00	83.00	14940.00	
8	031001002008	钢管	1. 室内焊接钢管安装，*DN*80 2. 手工电弧焊 3. 手工除锈，刷两次防锈漆 4. 玻璃布保护层，刷两次调和漆 5. 钢套管	m	95.00	96.03	9122.85	
9	031001002009	钢管	1. 室内焊接钢管安装，*DN*100 2. 手工电弧焊 3. 手工除锈，刷两次防锈漆 4. 玻璃布保护层，刷两次调和漆 5. 钢套管	m	70.00	120.66	8446.20	
10	031003009001	补偿器	方形补偿器制作，*DN*100	个	2	362.66	725.32	
11	031003009002	补偿器	方形补偿器制作，*DN*80	个	2	264.50	529.00	
12	031003009003	补偿器	方形补偿器制作，*DN*70	个	4	172.29	689.16	
13	031003009004	补偿器	方形补偿器制作，*DN*50	个	4	101.17	404.68	
			分部小计				152462.41	
			本页小计				50041.81	
			合　计				152462.41	

注：为计取规费等的使用，可在表中增设其中："定额人工费"。

表-08 分部分项工程和单价措施项目清单与计价表（三）

工程名称：某住宅楼采暖及给水排水安装工程　　标段：　　第3页 共4页

序号	项目编码	项目名称	项目特征描述	计量单位	工程量	金额（元）		
						综合单价	合价	其中
								暂估价
			Ⅰ. 采暖工程					
14	031003001001	螺纹阀门	1. 阀门安装，J1IT-16-15 2. 螺纹连接	个	84	20.28	1703.52	
15	031003001002	螺纹阀门	1. 阀门安装，J1IT-16-20 2. 螺纹连接	个	76	22.94	1743.44	
16	031003001003	螺纹阀门	1. 阀门安装，J1lT-16-25 2. 螺纹连接	个	52	720.06	37443.12	
17	031003003001	焊接法兰阀门	1. 阀门安装，J1lT-16-100 2. 焊接连接	个	6	708.04	4248.24	
18	031005001001	铸铁散热器	1. 铸铁暖气片安装，柱型813 2. 手工除锈，刷一次防锈漆、两次银粉漆	片	5385	23.39	125955.15	
19	031003005001	塑料阀门	塑料阀门安装，*DN*20	个	5	70.76	353.80	
20	031003001001	管道支架	1. 管道支架制作安装 2. 手工除锈，刷一次防锈漆、两次调和漆	kg	1200.00	15.12	18144.00	
21	031009001001	采暖工程系统调试	—	系统	1	8737.97	8737.97	
			分部小计				350791.65	
			Ⅱ. 给水排水工程					
22	031001001001	镀锌钢管	1. 室内给水镀锌钢管，*DN*80 2. 螺纹连接	m	4.30	56.02	240.89	
23	031001001002	镀锌钢管	1. 室内给水镀锌钢管，*DN*70 2. 螺纹连接	m	20.90	50.22	1049.60	
24	031001006001	塑料管	1. 室内排水塑料管，*DN*100 2. 零件粘接	m	45.70	57.22	2614.95	
			分部小计				3905.44	
			本页小计				202234.68	
			合　计				354697.09	

注：为计取规费等的使用，可在表中增设其中："定额人工费"。

表-08 分部分项工程和单价措施项目清单与计价表（四）

工程名称：某住宅楼采暖及给水排水安装工程　　标段：　　第4页 共4页

序号	项目编码	项目名称	项目特征描述	计量单位	工程量	金额（元）		
						综合单价	合价	其中
								暂估价
			Ⅱ．给水排水工程					
25	031001006002	塑料管	1. 室内排水塑料管，*DN*75 2. 零件粘接	m	0.50	45.78	22.89	
26	031001007001	塑料复合管	1. 室内排水复合管，*DN*40 2. 螺纹连接	m	23.60	46.60	1099.76	
27	031001007002	塑料复合管	1. 室内排水复合管，*DN*20 2. 螺纹连接	m	14.60	18.71	273.17	
28	031001007003	塑料复合管	1. 室内排水复合管，*DN*15 2. 螺纹连接	m	4.60	18.72	86.11	
29	031003001002	管道支架	管道支架制作安装	kg	4.94	12.53	61.90	
30	031003013001	水表	水表，*DN*20	组	1	57.22	57.22	
31	031004003001	洗脸盆	陶瓷	组	3	230.58	691.74	
32	031004010001	淋浴器	1. 钛合金材质淋浴器 2. 明装挂墙式安装	组	1	37.48	37.48	
33	031004006001	大便器	规格：490mm×510mm×150mm，带水箱	套	5	119.90	599.50	
34	031004014001	给水附配件	排水栓安装 *DN*50	组	1	20.28	20.28	
35	031004014002	给水附配件	水龙头，铜 *DN*15	个	4	8.70	34.80	
36	031004014003	排水附配件	地漏，铸铁 *DN*10	个	3	46.97	140.91	
			分部小计				7031.20	
本页小计							3125.76	
合　计							357822.85	

注：为计取规费等的使用，可在表中增设其中："定额人工费"。

6. 综合单价分析表

【填制说明】 编制工程结算时，应在已标价工程量清单中的综合单价分析表中将确定的调整过的人工单价、材料单价等进行置换，形成调整后的综合单价。

表-09 综合单价分析表（一）

工程名称：某住宅楼采暖及给水排水安装工程 标段： 第1页 共2页

项目编码	031003003001	项目名称	焊接法兰阀门	计量单位	个	工程量	6				
清单综合单价组成明细											
定额编号	定额项目名称	定额单位	数量	单价				合价			
				人工费	材料费	机械费	管理费和利润	人工费	材料费	机械费	管理费和利润
CH8261	阀门安装	个	1	21.59	154.20	11.78	38.74	21.59	154.20	11.78	38.74
—	阀门 J1lT-16-100	个	1	—	480.00	—	—	—	480.00	—	—
—	高层建筑增加费	元	—	0.65	—	—	—	0.65	—	—	—
—	主体结构配合费	元	—	1.08	—	—	—	1.08	—	—	—
人工单价		小计						23.32	634.20	11.78	38.74
50元/工日		未计价材料费									
清单项目综合单价								708.04			
材料费明细	主要材料名称、规格、型号			单位		数量		单价（元）	合价（元）	暂估单价（元）	暂估合价（元）
	××牌阀门 J1lT-16-100			个		1		627.08	627.08		
	垫圈			个		8.000		0.02	0.16		
	电焊条			kg		0.900		4.90	4.41		
	乙炔气			m^3		0.002		15.00	0.30		
	氧气			m^3		0.003		3	0.009		
	其他材料费							—	2.241	—	
	材料费小计							—	634.20	—	

注：1. 如不使用省级或行业建设主管部门发布的计价依据，可不填定额编号、名称等。

2. 招标文件提供了暂估单价的材料，按暂估的单价填入表内“暂估单价”栏及“暂估合价”栏。

表-09 综合单价分析表（二）

工程名称：某住宅楼采暖及给水排水安装工程　　标段：　　第2页 共2页

项目编码	031003009001	项目名称	补偿器	计量单位	个	工程量	2				
清单综合单价组成明细											
定额编号	定额项目名称	定额单位	数量	单价				合价			
				人工费	材料费	机械费	管理费和利润	人工费	材料费	机械费	管理费和利润
8－222	方形补偿器 *DN*100	个	1	95.67	53.21	34.48	171.65	95.67	53.21	34.48	171.65
—	高层建筑增加费	元	—	2.86	—	—		2.86	—	—	
—	主体结构配合费	元	—	4.79	—	—	—	4.79	—	—	—
人工单价		小计						103.32	53.21	34.48	171.65
50元/工日		未计价材料费									
清单项目综合单价								362.66			

材料费明细	主要材料名称、规格、型号	单位	数量	单价（元）	合价（元）	暂估单价（元）	暂估合价（元）
材料费明细	电焊条结422ϕ3.2	kg	0.570	5.41	3.08		
	氧气	m³	0.510	2.06	1.50		
	乙炔气	kg	0.160	13.33	2.31		
	焦炭	kg	80.00	0.45	36.00		
	砂子	m³	0.026	44.23	1.15		
	木材（一级红松）	m³	31.2	0.20	6.24		
	铅油	kg	0.080	8.77	0.70		
	机油	kg	0.200	3.55	0.71		
	其他材料费			—	1.52	—	
	材料费小计			—	53.21	—	

注：1. 如不使用省级或行业建设主管部门发布的计价依据，可不填定额编号、名称等。

2. 招标文件提供了暂估单价的材料，按暂估的单价填入表内“暂估单价”栏及“暂估合价”栏。

（其他工程项目综合单价分析表略）

7. 综合单价调整表

【填制说明】 综合单价调整表用于由于各种合同约定调整因素出现时调整综合单价，此表实际上是一个汇总性质的表，各种调整依据应附表后，并且注意，项目编码、项目名称必须与已标价工程量清单保持一致，不得发生错漏，以免发生争议。

表-10 综合单价调整表

工程名称：某住宅楼采暖及给水排水安装工程　　标段　　第1页　共1页

序号	项目编码	项目名称	已标价清单综合单价（元）					调整后综合单价（元）				
			综合单价	其中				综合单价	其中			
				人工费	材料费	机械费	管理费和利润		人工费	材料费	机械费	管理费和利润
1	031003003001	焊接法兰阀门	720.06	23.32	645.12	12.88	38.74	708.04	23.32	634.20	11.78	38.74
2	031003009001	补偿器	362.92	103.32	53.47	34.48	171.65	362.66	103.32	53.21	34.48	171.65
3	（其他略）											
造价工程师（签章）：发包人代表（签章）： 日期：								造价人员（签章）：发包人代表（签章）： 日期：				

注：综合单价调整应附调整依据。

8. 总价措施项目清单与计价表

【填制说明】 编制工程结算时，如省级或行业建设主管部门调整了安全文明施工费，应按调整后的标准计算此费用，其他总价措施项目经发承包双方协商进行了调整的，按调整后的标准计算。

表-11 总价措施项目清单与计价表

工程名称：某住宅楼采暖及给水排水安装工程 标段 第1页 共1页

序号	项目编码	项目名称	计算基础	费率（%）	金额（元）	调整费率（%）	调整后金额（元）	备注
1	031302001001	安全文明施工费	人工费	11	15903.51			
2	031302002001	夜间施工增加费	人工费	1.5	2168.66			
3	031302004001	二次搬运费	人工费	5	7228.87			
4	031302005001	冬雨季施工增加费	人工费	0.6	867.46			
5	031302006001	已完工程及设备保护费			5000			
		合　计			31168.50			

编制人（造价人员）： 复核人（造价工程师）：

注：1. “计算基础”中安全文明施工费可为“定额基价”、“定额人工费”或“定额人工费+定额机械费”，其他项目可为“定额人工费”或“定额人工费+定额机械费”。
2. 按施工方案计算的措施费，若无“计算基础”和“费率”的数值，也可只填“金额”数值，但应在备注栏说明施工方案出处或计算方法。

9. 其他项目清单与计价汇总表

【填制说明】 编制或核对工程结算，“专业工程暂估价”按实际分包结算价填写，“计日工”、“总承包服务费”按双方认可的费用填写，如发生“索赔”或“现场签证”费用，按双方认可的金额计入该表。

表-12 其他项目清单与计价汇总表

工程名称：某住宅楼采暖及给水排水安装工程 标段 第1页 共1页

序号	项 目 名 称	金额（元）	结算金额（元）	备注
1	暂列金额	—	—	
2	暂估价	10000.00	9860.00	
2.1	材料暂估价	—	—	明细详见表-12-2
2.2	专业工程结算价	10000.00	9860.00	明细详见表-12-3
3	计日工	22029.40	17821.50	明细详见表-12-4
4	总承包服务费	2250.00	2100.00	明细详见表-12-5
5	索赔与现场签证		5243.75	明细详见表-12-6
	合　计	44279.40	35025.25	—

注：材料（工程设备）暂估单价进入清单项目综合单价，此处不汇总。

(1) 材料 (工程设备) 暂估单价及调整表

表-12-2 材料(工程设备)暂估单价及调整表

工程名称:某住宅楼采暖及给水排水安装工程　　标段　　第1页　共1页

序号	材料(工程设备)名称、规格、型号	计量单位	数量		暂估(元)		确认(元)		差额±(元)		备注
			暂估	确认	单价	合价	单价	合价	单价	合价	
1	焊接钢管	t	30	28	3670	110100	3600	100800	−70	−9300	
2	散热器 813	t	1000	1100	9.62	9620	9.50	10450	−0.12	830	
	(其他略)										
	合　计					119720		111250		−8470	

注:此表由招标人填写"暂估单价",并在备注栏说明暂估价的材料、工程设备拟用在哪些清单项目上,投标人应将上述材料、工程设备暂估单价计入工程量清单综合单价报价中。

(2) 专业工程暂估价及结算价表

表-12-3 专业工程暂估价及结算价表

工程名称:某住宅楼采暖及给水排水安装工程　　标段　　第1页　共1页

序号	工程名称	工程内容	暂估金额(元)	结算金额(元)	差额±(元)	备注
1	消防工程	合同图纸中标明的以及消防工程规范和技术说明中规定的各系统中的设备、管道、阀门、线缆等的供应、安装和调试工作	10000.00	9860.00	−140	
	合　计		10000.00	9860.00	−140	

注:此表"暂估金额"由招标人填写,投标人应将"暂估金额"计入投标总价中,结算时按合同约定结算金额填写。

(3) 计日工表

【填制说明】 编制工程竣工结算的“计日工表”时，实际数量按发承包双方确认的填写。

表-12-4 计日工表

工程名称：某住宅楼采暖及给水排水安装工程 标段 第1页 共1页

编号	项目名称	单位	暂定数量	实际数量	综合单价（元）	合价（元）	
						暂定	实际
一	人工						
1	管道工	工日	70	60	85.00	5950.00	5100.00
2	电焊工	工日	35	28	85.00	2975.00	2380.00
3	其他工种	工日	35	25	70.00	2450.00	1750.00
	人工小计						9230.00
二	材料						
1	电焊条	kg	12	10	5.50	66.00	55.00
2	氧气	m^3	18	16	2.50	45.00	40.00
3	乙炔条	kg	88	80	15.00	1320.00	1200.00
	材料小计						1295.00
三	施工机械						
1	直流电焊机 20kW	台班	25	24	20.00	500.00	480.00
2	汽车起重机，8t	台班	30	28	125.00	3750.00	3500.00
3	载重汽车，8t	台班	25	23	84.00	2100.00	1932.00
	施工机械小计					6350.00	5912.00
四、企业管理费和利润	按人工费的 15%计						1384.5
	合　计						17821.50

注：此表项目名称、暂定数量由招标人填写，编制招标控制价时，单价由招标人按有关计价规定确定；投标时，单价由投标人自主报价，按暂定数量计算合价计入投标总价中。结算时，按承包双方确认的实际数量计算。

（4）总承包服务费计价表

【填制说明】　编制工程竣工结算的“总承包服务费计价表”时，发承包双发应按承包人已标价工程量清单中的报价计算，若发承包双发确定调整的，按调整后的金额计算。

表-12-5　总承包服务费计价表

工程名称：某住宅楼采暖及给水排水安装工程　　　标段　　　第1页　共1页

序号	项目名称	项目价值（元）	服务内容	计算基础	费率（%）	金额（元）
1	发包人发包专业工程	42000	1．按专业工程承包人的要求提供施工工作面并对施工现场进行统一整理汇总 2．为专业工程承包人提供垂直运输机械和焊接电源接入点，并承担垂直运输费和电费	项目价值	5	2100
	合　计	—	—		—	2100

注：此表项目名称、服务内容有招标人填写，编制招标控制价时，费率及金额由招标人按有关计价规定确定；投标时，费率及金额由投标人自主报价，计入投标总价中。

（5）索赔与现场签证计价汇总表

【填制说明】　索赔与现场签证计价汇总表是对发承包双方签证认可的“费用索赔申请（核准）表”和“现场签证表”的汇总。

表-12-6　索赔与现场签证计价汇总表

工程名称：某住宅楼采暖及给水排水安装工程　　　标段　　　第1页　共1页

序号	签证及索赔项目名称	计量单位	数量	单价（元）	合价（元）	索赔及签证依据
1	暂停施工				2043.75	001
2	安装装饰橱柜	组	1	3200	3200	002
…	（其他略）					
	本页小计				5243.75	—
	合　计				5243.75	—

注：签证及索赔依据是指经双方认可的签证单和索赔依据的编号。

(6) 费用索赔申请（核准）表

【填制说明】 费用索赔申请（核准）表将费用索赔申请与核准设置于一个表，非常直观。使用本表时，承包人代表应按合同条款的约定阐述原因，附上索赔证据、费用计算报发包人，经监理工程师复核（按照发包人的授权不论是监理工程师或发包人现场代表均可），经造价工程师（此处造价工程师可以是承包人现场管理人员，也可以是发包人委托的工程造价咨询企业的人员）复核具体费用，经发包人审核后生效，该表以在选择栏中"□"内作标识"√"表示。

表-12-7 费用索赔申请（核准）表

工程名称：某住宅楼采暖及给水排水安装工程　　标段：　　编号：001

<table>
<tr><td colspan="2">致：××公司　（发包人全称）
根据施工合同条款第12条的约定，由于你方工作需要原因，我方要求索赔金额（大写）贰仟零肆拾叁元柒角伍分（小写2043.75元），请予核准。
附：1. 费用索赔的详细理由和依据：（详见附件1）
2. 索赔金额的计算：（详见附件2）
3. 证明材料：（现场监理工程师现场人数确认）
承包人（章）：（略）
承包人代表：×××
日　期：××年×月×日</td></tr>
<tr><td>复核意见：
根据施工合同条款第12条的约定，你方提出的费用索赔申请经复核：
□不同意此项索赔，具体意见见附件。
☑同意此项索赔，索赔金额的计算，由造价工程师复核。
监理工程师：×××
日　期：××年×月×日</td><td>复核意见：
根据施工合同条款第12条的约定，你方提出的费用索赔申请经复核，索赔金额为（大写）贰仟零肆拾叁元柒角伍分（小写2043.75元）。
监理工程师：×××
日　期：××年×月×日</td></tr>
<tr><td colspan="2">审核意见：
□不同意此项索赔。
☑同意此项索赔，与本期进度款同期支付。
发包人（章）（略）
发包人代表：×××
日　期：××年×月×日</td></tr>
</table>

注：1. 在选择栏中的"□"内作标识"√"。
2. 本表一式四份，由承包人填报，发包人、监理人、造价咨询人、承包人各存一份。

附件 1

关于暂停施工的通知

××建筑公司××项目部：

为使考生有一个安静的复习、休息和考试环境，为响应国家环保总局和省环保局“关于加强中高考期间环境噪声监督管理”的有关规定，请你们在高考期间（6 月 6 日～6月 8 日）3 日暂停施工。期间并配合上级主管部门进行工程质量检查工作。

特此通知。

××工程指挥办公室
××年××月××日

附件 2

索赔费用计算表

编号：第×××号

一、人工费

1. 技工 6 人：6 人×50/工日×3＝900 元

2. 焊工 7 人：7 人×35/工日×3＝735 元

小计：1635 元

二、管理费

3015×15％＝452.25 元

索赔费用合计：2087.25 元

(7) 现场签证表

【填制说明】　现场签证种类繁多，发承包双方在工程实施过程中来往信函就责任事件的证明均可称为现场签证，但并不是所有的签证均可马上算出价款，有的需要经过索赔程序，这时的签证仅是索赔的依据，有的签证可能根本不涉及价款。本表仅是针对现场签证需要价款结算支付的一种，其他内容的签证也可适用。考虑到招标时招标人对计日工项目的预估难免会有遗漏，造成实际施工发生后. 无相应的计日工单价，现场签证只能包括单价一并处理，因此，在汇总时，有计日工单价的，可归并于计日工，如无计日工单价的，归并于现场签证，以示区别。当然，现场签证全部汇总于计日工也是一种可行的处理方式。

表-12-8 现场签证表

工程名称：某住宅楼采暖及给水排水安装工程　　　　标段：　　　　编号：002

<table>
<tr><td>施工单位</td><td>学校指定位置</td><td>日期</td><td>××年×月×日</td></tr>
<tr><td colspan="4">致：××公司
根据 ×× 2013 年 6 月 20 日的口头指令，我方要求完成此项工作应支付价款金额为（大写）叁仟贰佰元（小写3200.00元），请予核准。
附：1. 签证事由及原因：为遮挡给水排水管，安装1组装饰橱柜。
2. 附图及计算式：（略）

承包人（章）：（略）
承包人代表：×××
日　　期：××年×月×日</td></tr>
<tr><td colspan="2">复核意见：
你方提出的此项签证申请经复核：
□不同意此项签证，具体意见见附件。
☑同意此项签证，签证金额的计算，由造价工程师复核。

监理工程师：×××
日　　期：××年×月×日</td><td colspan="2">复核意见：
☑此项签证按承包人中标的计日工单价计算，金额为（大写）叁仟贰佰元，（小写3200.00元）。
□此项签证因无计日工单价，金额为（大写）____元，（小写）____。

造价工程师：×××
日　　期：××年×月×日</td></tr>
<tr><td colspan="4">审核意见：
□不同意此项签证。
☑同意此项签证，价款与本期进度款同期支付。

承包人（章）（略）
承包人代表：×××
日　　期：××年×月×日</td></tr>
</table>

注：1. 在选择栏中的“□”内作标识“√”。

2. 本表一式四份，由承包人在收到发包人（监理人）的口头或书面通知后填写，发包人、监理人、造价咨询人、承包人各存一份。

10. 规费、税金项目计价表

表-13 规费、税金项目计价表

工程名称：某住宅楼采暖及给水排水安装工程　　标段：　　第1页 共1页

序号	项目名称	计算基础	计算基数	计算费率（%）	金额（元）
1	规费	定额人工费			26946.82
1.1	社会保险费	定额人工费	（1）+…+（5）		18072.18
（1）	养老保险费	定额人工费		3.5	5060.21
（2）	失业保险费	定额人工费		2	2891.55
（3）	医疗保险费	定额人工费		6	8674.64
（4）	工伤保险费	定额人工费		0.5	722.89
（5）	生育保险费	定额人工费		0.5	722.89
1.2	住房公积金	定额人工费		6	8674.64
1.3	工程排污费	按工程所在地环境保护部门收取标准，按实计入		0.14	200.00
2	税金	分部分项工程费＋措施项目费＋其他项目费＋规费－按规定不计税的工程设备金额		3.413	15391.38
合计					42338.20

编制人（造价人员）：　　复核人（造价工程师）：

11. 工程计量申请（核准）表

【填制说明】 工程计量申请（核准）表填写的“项目编码”、“项目名称”、“计量单位”应与已标价工程量清单表中的一致，承包人应在合同约定的计量周期结束时，将申报数量填写在申报数量栏，发包人核对后如与承包人不一致，填在核实数量栏，经发承包双发共同核对确认的计量填在确认数量栏。

表-14 工程计量申请（核准）表

工程名称：某住宅楼采暖及给水排水安装工程 标段： 第1页 共1页

序号	项目编码	项目名称	计量单位	承包人申报数量	发包人核实数量	发承包人确认数量	备注
1	031001002001	钢管	m	1325.00	1325.00	1325.00	
2	031003009001	补偿器	个	2	2	2	
3	031003001001	螺纹阀门	个	84	84	84	
4	031003003001	焊接法兰阀门	个	6	6	6	
	（略）						
承包人代表： ××× 日期：××年×月×日		监理工程师： ××× 日期：××年×月×日		造价工程师： ××× 日期：××年×月×日		发包人代表： ××× 日期：××年×月×日	

12. 预付款支付申请（核准）表

表-15 预付款支付申请（核准）表

工程名称：某住宅楼采暖及给水排水安装工程　　标段：　　第1页　共1页

致：××公司

我方根据施工合同的约定，先申请支付工程预付款额为（大写）拾万壹仟贰佰陆拾陆元（小写101266元），请予核准。

序号	名称	申请金额（元）	复核金额（元）	备注
1	已签约合同价款金额	478787.48	478787.48	
2	其中：安全文明施工费	15992.67	15992.67	
3	应支付的预付款	93270	93270	
4	应支付的安全文明施工费	7996	7996	
5	合计应支付的预付款	101266	101266	

计算依据见附件

承包人（章）

造价人员：×××　　承包人代表：×××　　日　期：××年×月×日

复核意见：

□与合同约定不相符，修改意见见附件。

☑与合约约定相符，具体金额由造价工程师复核。

监理工程师：×××

日　期：××年×月×日

复核意见：

你方提出的支付申请经复核，应支付预付款金额为（大写）拾万壹仟贰佰陆拾陆元（小写101266元）。

造价工程师：×××

日　期：××年×月×日

审核意见：

□不同意。

☑同意，支付时间为本表签发后的15d内。

发包人（章）

发包人代表：×××

日　期：××年×月×日

注：1. 在选择栏中的“□”内作标识“√”。

2. 本表一式四份，由承包人填报，发包人、监理人、造价咨询人、承包人各存一份。

13. 总价项目进度款支付分解表

表-16 总价项目进度款支付分解表

工程名称：某住宅楼采暖及给水排水安装工程　　　　标段：　　　　第1页　共1页

序号	项目名称	总价金额	首次支付	二次支付	三次支付	四次支付	五次支付	
1	安全文明施工费	15903.51	4771	4771	3180.75	3180.76		
2	夜间施工增加费	2168.66	433.73	433.73	433.73	433.73	433.74	
3	二次搬运费	7228.87	1445.77	1445.77	1445.77	1445.77	1445.79	
	（其他略）							
合　计								

编制人（造价人员）：　　　　　　　　　　复核人（造价工程师）：

注：1. 本表应由承包人在投标报价时根据发包人在招标文件明确的进度款支付周期与报价填写，签订合同时，发承包双方可就支付分解协商调整后作为合同附件。

2. 单价合同使用本表，“支付”栏时间应与单价项目进度款支付周期相同。

3. 总价合同使用本表，“支付”栏时间应与约定的工程计量周期相同。

14. 进度款支付申请（核准）表

表-17　进度款支付申请（核准）表

工程名称：某住宅楼采暖及给水排水安装工程　　　　标段：　　　　编号：

致：××公司

我方于××至××期间已完成了采暖工作，根据施工合同的约定，现申请支付本期的工程款额为（大写）叁拾肆万捌仟玖佰肆拾玖元肆角（小写 348949.40 元），请予核准。

序号	名　　称	申请金额（元）	复核金额（元）	备注
1	累计已完成的合同价款	356580.42	—	356580.42
2	累计已实际支付的合同价款	152458.50	—	152458.50
3	本周期合计完成的合同价款	367954.80	361234.40	361234.40
3.1	本周期已完成单价项目的金额	335740.9		
3.2	本周期应支付的总价项目的金额	14230.00		
3.3	本周期已完成的计日工价款	5631.70		
3.4	本周期应支付的安全文明施工费	8263.20		
3.5	本周期应增加的合同价款	4089.00		
4	本周期合计应扣减的金额	12285.00	12285.00	12897.14
4.1	本周期应抵扣的预付款	12285.00		12285.00
4.2	本周期应扣减的金额	0		612.14
5	本周期应支付的合同价款	355669.80	348949.40	336874.00

附：上述 3、4 详见附件清单。　　　　承包人（章）

造价人员：×××　　承包人代表：×××　　日　　期：××年×月×日

复核意见：

□与实际施工情况不相符，修改意见见附件。

☑与实际施工情况相符，具体金额由造价工程师复核。

监理工程师：×××

日　　期：××年×月×日

复核意见：

你方提供的支付申请经复核，本期间已完成工程款额为（大写）叁拾陆万柒仟玖佰伍拾肆元捌角（小写367954.80 元），本期间应支付金额为（大写）叁拾叁万陆千捌佰柒拾肆元（小写336874.00元）。

造价工程师：×××

日　　期：××年×月×日

审核意见：

□不同意。

☑不同意，支付时间为本表签发后的 15d 内。

发包人（章）

发包人代表：×××

日　　期：××年×月×日

注：1. 在选择栏中的“□”内作标识“√”。

2. 本表一式四份，由承包人填报，发包人、监理人、造价咨询人、承包人各存一份。

15. 竣工结算款支付申请（核准）表

表-18　竣工结算款支付申请（核准）表

工程名称：某住宅楼采暖及给水排水安装工程　　标段：　　编号：

致：××公司

我方于×× 至×× 期间已完成合同约定的工作，工程已经完工，根据施工合同的约定，现申请支付竣工结算合同款额为（大写）肆万肆佰肆拾壹元零陆分（小写 40441.06 元），请予核准。

序号	名称	申请金额（元）	复核金额（元）	备注
1	竣工结算合同价款总额	466354.80	466354.80	
2	累计已实际支付的合同价款	402596.00	402596.00	
3	应预留的质量保证金	23317.74	23317.74	
4	应支付的竣工结算款金额	40441.06	40441.06	

承包人（章）

造价人员：×××　　承包人代表：×××　　日　期：××年×月×日

复核意见：

□与实际施工情况不相符，修改意见见附件。

☑与实际施工情况相符，具体金额由造价工程师复核。

监理工程师：×××

日　期：××年×月×日

复核意见：

你方提出的竣工结算款支付申请经复核，竣工结算款总额为（大写）肆拾陆万陆千叁佰伍拾肆元捌角（小写466354.80元），扣除前期支付以及质量保证金后应支付金额为（大写）肆万肆佰肆拾壹元零陆分（小写40441.06元）。

造价工程师：×××

日　期：××年×月×日

审核意见：

□不同意。

☑同意，支付时间为本表签发后的15d内。

发包人（章）

发包人代表：×××

日　期：××年×月×日

注：1. 在选择栏中的“□”内作标识“√”。

2. 本表一式四份，由承包人填报，发包人、监理人、造价咨询人、承包人各存一份。

16. 最终结清支付申请（核准）表

表-19 最终结清支付申请（核准）表

工程名称：某住宅楼采暖及给水排水安装工程　　标段：　　编号：

致：××公司

我方于×× 至××期间已完成了缺陷修复工作，根据施工合同的约定，现申请支付最终结清合同款额为（大写）贰万叁仟叁佰壹拾柒元柒角肆分（小写23317.74元），请予核准。

序号	名称	申请金额（元）	复核金额（元）	备注
1	已预留的质量保证金	23317.74	23317.74	
2	应增加因发包人原因造成缺陷的修复金额	0	0	
3	应扣减承包人不修复缺陷、发包人组织修复的金额	0	0	
4	最终应支付的合同价款	23317.74	23317.74	

承包人（章）

造价人员：×××　　承包人代表：×××　　日　期：××年×月×日

复核意见：

□与实际施工情况不相符，修改意见见附件。

☑与实际施工情况相符，具体金额由造价工程师复核。

监理工程师：×××
日　期：××年×月×日

复核意见：

你方提出的支付申请经复核，最终应支付金额为（大写）贰万叁仟叁佰壹拾柒元柒角肆分（小写23317.74元）。

造价工程师：×××
日　期：××年×月×日

审核意见：

□不同意。

☑同意，支付时间为本表签发后的15d内。

发包人（章）
发包人代表：×××
日　期：××年×月×日

注：1. 在选择栏中的“□”内作标识“√”。
2. 本表一式四份，由承包人填报，发包人、监理人、造价咨询人、承包人各存一份。

17. 承包人提供主要材料和工程设备一览表

(1) 发承包双方确认的承包人提供主要材料和工程设备一览表（适用于造价信息差额调整法）

表-21 承包人提供主要材料和工程设备一览表

（适用于造价信息差额调整法）

工程名称：某住宅楼采暖及给水排水安装工程　　标段：　　第1页　共1页

序号	名称、规格、型号	单位	数量	风险系数（%）	基准单价（元）	投标单价（元）	发承包人确认单价（元）	备注
1	预拌混凝土 C20	m^3	20	≤5	313	305	306.20	
2	预拌混凝土 C25	m^3	320	≤5	322	320	321	
3	预拌混凝土 C30	m^3	1600	≤5	345	340	340	

注：1. 此表由招标人填写除“投标单价”栏的内容，投标人在投标时自主确定投标单价。

2. 投标人应优先采用工程造价管理机构发布的单价作为基准单价，未发布的，通过市场调查确定其基准单价。

（2）发承包双方确认的承包人提供主要材料和工程设备一览表（适用于价格指数差额调整法）

表-22 承包人提供主要材料和工程设备一览表

（适用于价格指数差额调整法）

工程名称：某住宅楼采暖及给水排水安装工程 标段： 第1页 共1页

序号	名称、规格、型号	变值权重 B	基本价格指数 F_0	现行价格指数 F_t	备注
1	人工	0.08	110%	121%	
2	钢材	0.11	3500元/t	3584元/t	
3	预拌混凝土C30	0.16	345元/m^3	357元/m^3	
4	机械费	8	100%	100%	
	定值权重A	0.42	—	—	
合计		1	—	—	

注：1. “名称、规格、型号”、“基本价格指数”栏由招标人填写，基本价格指数应首先采用工程造价管理机构发布的价格指数，没有时，可采用发布的价格代替。如人工、机械费也采用本法调整由招标人在“名称”栏填写。

2. “变值权重”栏由投标人根据该项人工、机械费和材料、工程设备值在投标总报价中所占的比例填写，1减去其比例为定值权重。

3. “现行价格指数”按约定的付款证书相关周期最后一天的前42天的各项价格指数填写，该指数应首先采用工程造价管理机构发布的价格指数，没有时，可采用发布的价格代替。

参 考 文 献

[1] 中华人民共和国住房和城乡建设部. GB 50500—2013《建设工程工程量清单计价规范》[S]. 北京：中国计划出版社，2013.

[2] 中华人民共和国住房和城乡建设部. GB 50856—2013《通用安装工程工程量计算规范》[S]. 北京：中国计划出版社，2013.

[3] 中华人民共和国住房和城乡建设部.《建设工程计价计量规范辅导》[M]. 北京：中国计划出版社，2013.

[4] 中华人民共和国建设部. GYD—208—2000《全国统一安装工程预算定额（给排水、采暖、燃气工程）》[S]. 北京：中国计划出版社，2001.

[5] 文桂萍.《建筑水暖电安装工程计价（工程造价专业适用）》[M]. 北京：中国建筑工业出版社，2013.

[6] 岳井峰.《建筑水暖安装工程预算入门与案例详解》[M]. 北京：中国电力出版社，2012.

[7] 谭翠萍.《建筑暖通、给排水工程施工造价管理》[M]. 北京：机械工业出版社，2012.

[8] 孟秋菊.《水暖工程清单计价培训教材》[M]. 北京：中国建材工业出版社，2014.